UNA LUNA, UNA CIVILIZACIÓN

POR QUÉ LA LUNA NOS DICE QUE

ESTAMOS SOLOS EN EL UNIVERSO

JORGE LABORDA

Una luna, Una Civilización

Por qué

la Luna

nos dice que estamos

solos en el universo

Primera Edición. Febrero 2011

© Jorge Laborda, 2011

ISBN # 978-1-4467-0277-2

Editado por Jorge Laborda

Portada: Jorge Laborda

Impreso por Lulu (www.lulu.com)

Agradecimientos

Este libro, como casi todos los escritos por el resto de la humanidad, no hubiera sido posible sin la ayuda, los consejos o la paciencia de otras personas. Agradezco, en especial, a los doctores Alberto López Nájera, Carlos Elías, Pascual González, Fernando Cuartero y Enrique Díez por sus comentarios, los cuales contribuyeron a mejorar el libro y, sobre todo, le doy las gracias a mi mujer, Rosa, por su interminable paciencia con mis despistes cósmicos y mis cambios de humor lunáticos.

Dedicatoria

Deseo dedicar este libro a la memoria de Galileo Galilei. Existen muy buenas razones para ello. En primer lugar, aunque Galileo comenzó a utilizar el telescopio en 1609, en 2010 se cumplen 400 años desde que este científico universal, en enero de 1610, dirigiera su telescopio a Júpiter y descubriera que existían otras lunas, además de la nuestra, y por consiguiente, que no todo en el universo giraba alrededor de la Tierra, y ni siquiera del Sol. En marzo de ese mismo año (el mismo mes en que termino de escribir la primera versión del libro que tienes en tus manos, o lees en la pantalla de un ordenador), Galileo publicó, en Latín, su breve tratado titulado *Siderius Nuncius* (que se puede traducir como *Mensajero Sideral*), en el que describía las observaciones de la Luna, de las estrellas y de los satélites de Júpiter realizadas con el recién inventado telescopio. Se trata, por tanto, de la primera descripción de observaciones astronómicas en las que se usaba un instrumento, fruto de un avance tecnológico en otro área de la ciencia, en este caso, la óptica. Desde ese momento, el avance de la astronomía siempre iría de la mano del avance de la tecnología, lo que sigue sucediendo hoy.

Sin embargo, la razón principal, a mi juicio, por la que Galileo se merece la mía y muchas más dedicatorias en su memoria, es que fue uno de los pocos valientes que nos enseñó que no debemos tener miedo al conocimiento, ni siquiera cuando este puede poner en peligro nuestra propia existencia o, añado, poner en peligro lo que creemos que nuestra propia existencia significa, su propia transcendencia, en el universo material, o más allá. La realidad es una. Desdeñar su conocimiento, intentar falsearla, o rechazarla porque no se acorde a nuestras ideas preconcebidas solo consigue detener nuestro progreso como seres humanos, pero no conseguirá nunca cambiarla. Bien al contrario, solo tendremos la oportunidad de cambiar la realidad si la conocemos, como claramente demuestran los avances tecnológicos de los que disfrutamos y que, capacitados por el creciente conocimiento de las ciencias, han cambiado nuestra realidad. Por su valentía en aceptar la realidad frente a todos quienes la rechazaban; por su determinación en abrazar la luz del conocimiento científico frente al oscurantismo religioso, dedico este libro a Galileo.

Sobre el autor

Jorge Laborda Fernández se licenció en Ciencias Químicas en 1981. Realizó el trabajo de su tesis doctoral en *el Centro para la Investigación Científica sobre el Cáncer*, en Paris, Francia, donde trabajó desde 1984 a 1987 y se doctoró en Ciencias Químicas por la Universidad de Zaragoza, en 1987. Se trasladó ese mismo año a los Institutos nacionales de la Salud, en Bethesda, Maryland, EE.UU., para una estancia postdoctoral de un año. Al año siguiente, se incorporó al Centro del Cáncer Lombardi, de la Universidad de Georgetown, en Washington DC, donde trabajó por tres años. En 1991, se incorporó al "Centro Para La Evaluación e Investigación de Productos Biológicos" (CBER) de la Administración de Alimentos y Fármacos (FDA), en los Institutos Nacionales de la Salud, EE.UU. donde se estableció como director de investigación y obtuvo una posición fija (*tenure*) como Investigador Principal. En 1999, se incorporó a la Facultad de Medicina de la Universidad de Castilla-La Mancha como Jefe del Área de Bioquímica y Biología Molecular. El Dr. Laborda ha colaborado en cerca de cuarenta proyectos de investigación. Ha sido responsable de la evaluación de numerosos proyectos sobre nuevas terapias anticancerosas propuestos por compañías de biotecnología estadounidenses o europeas. Ha sido, igualmente, presidente del comité estadounidense para la elaboración de normativas sobre el empleo de plantas transgénicas para producción de fármacos de uso humano. Fruto de su trabajo de investigación es el descubrimiento de dos genes que participan en el control de la diferenciación celular y su importante contribución al descubrimiento del receptor para un importante factor de diferenciación. Desde noviembre de 2003 a mayo de 2004, el Dr. Laborda realizó una estancia en la Comisión Europea como Experto Nacional Destacado para trabajar en la gestión e impulso de áreas de investigación biomédica pioneras, como la Biología Sintética. En abril de 2004, el Dr. Laborda fue elegido Decano de la Facultad de Medicina de la UCLM, puesto que desempeño hasta abril de 2008.

El Dr. Laborda realiza igualmente una labor de divulgación científica. Ha publicado los libros *"Se han clonado los Dioses"*, *"Las mil y una bases del ADN y otras historias científicas"*, *"El embudo de la inteligencia y otros ensayos"* y *"Adenio Fidelio"*, una novela de ficción científica para adolescentes. Ha participado en numerosas ocasiones en programas de Radio Nacional, la Cadena SER, Punto Radio y la televisión local dedicados a la ciencia; realiza el Podcast *"Quilo de Ciencia"* (al que se puede acceder desde iTunes) y es articulista ocasional en El País, el Heraldo de Aragón y habitual del diario La Tribuna de Albacete. Fruto de esta labor son los cerca de 500 artículos de divulgación científica publicados hasta la fecha, que pueden consultarse en su blog, también llamado *"Quilo de Ciencia"*. En la actualidad el Dr. Laborda ocupa el cargo de Concejal de Consumo, Ciencia y Tecnología del Ayuntamiento de Albacete.

CONTENIDOS

Introducción

La cuestión de si nos encontramos o no solos en el universo sigue constituyendo uno de los enigmas más fascinantes de la ciencia. Curiosamente, este enigma no existía cuando la ciencia moderna comenzaba sus primeros y titubeantes pasos, enfrentándose a las ideas religiosas de la tradición judeo-cristiana. En la época en la que Galileo defendía las ideas de Copérnico, en los albores del siglo XVII, muy pocos dudaban de que el ser humano era el rey de la creación divina, y por consiguiente, estaba solo en la cima de la creación.

Como con tantos y tantos otros misterios, es este uno que, paradójicamente, se afianza cuando la ciencia ha avanzado ya sustancialmente en el conocimiento del mundo que nos rodea. El desarrollo de mejores telescopios que el inventado por tres ópticos holandeses[1], y sustancialmente mejorado por Galileo[2], ayudó a demostrar que nuestra galaxia estaba formada por miles de millones de estrellas, muchas de ellas similares a nuestro Sol. Se abría la puerta a la existencia de sistemas solares similares al nuestro, que podrían albergar la vida o, incluso, inteligencia.

Aún relativamente avanzado el siglo XX, no estaba claro todavía si el universo era mayor o no que nuestra galaxia, la Vía Láctea. Sin embargo, gracias al desarrollo de más potentes telescopios se pudo demostrar que nuestro universo es mucho mayor que nuestra galaxia, y contiene miles de millones de galaxias similares a la nuestra.

Todos estos descubrimientos sugerían que la enormidad de nuestro universo no podía tener como único propósito albergar solo a la humanidad como máximo exponente de la vida y la inteligencia universales (lo cual resultaría, cuando menos, patético). En palabras similares a las de la protagonista de la película "Contacto", eso sería un cósmico desperdicio de espacio, nunca mejor dicho. Era, pues, casi obligada la conclusión de que "alguien" estaba ahí fuera. Encontrarlo era solo cuestión de tiempo.

Estas ideas ayudaron al desarrollo de una nada desdeñable literatura de ciencia-ficción, en la que una y otra vez la humanidad entablaba el primer contacto, o sufría la primera colisión, con civilizaciones extraterrestres. Obra pionera de este género y de este tema fue *"La Guerra de los Mundos"*, de Herbert George Wells (más conocido por H.G. Wells), escrita en 1898[3], y que ha sido llevada al cine en varias ocasiones, una de ellas reciente. La emisión de una versión radiofónica en 1938 por el que más tarde se convirtió en un conocido cineasta, Orson Welles[4], causó pánico entre muchos radio oyentes, quienes creyeron literalmente que el planeta Tierra estaba siendo invadido por una fuerza militar procedente de Marte. No cabe duda de que, al margen del conseguido realismo de la emisión, si la idea de que era posible la vida en otros planetas no hubiera estado relativamente extendida ya en aquellos años, el pánico causado por la emisión no se hubiera producido.

Desde entonces, no hemos dejado de estar acompañados por los más variados extraterrestres en la literatura, en el cine, y algunos creen que incluso en la vida real. Por ejemplo, ¿quién de una cierta edad no recuerda la popular serie de los años 60 *"Los Invasores"*?[5] En este caso los extraterrestres eran iguales que los humanos salvo por que poseían el dedo meñique rígido. ¿Pueden ustedes imaginar una diferencia más absurda entre humanos y extraterrestres? Si no más absurda, seguro que pueden suponerla más divertida, simplemente imaginando que la diferencia resida en la rigidez de un órgano masculino más notorio que el dedo meñique. Pero esto dejaría a las mujeres alienígenas sin la posibilidad de ser identificadas como tales y, en los tiempos que corren, no sería políticamente correcto, ni siquiera para las marcianas.

Por supuesto, no olvidemos la doble trilogía (no me atrevo a llamarla sexilogía, ya que de sexi tiene poco) *"La Guerra de las Galaxias"* [6], en la que aparecen los más variopintos ejemplares de extraterrestres de toda condición física o psíquica. Afortunadamente, ninguno de los ejemplares de las distintas etnias extraterrestres posee el dedo meñique, ni ningún otro dedo, tieso, a pesar de que puedan poseer lenguas extra largas, o exhumar espesos líquidos, como los de las babosas.

¿Y qué me dice usted de los OVNIS? Estos objetos volantes no identificados son considerados por muchos como prueba evidente de que estamos siendo visitados y observados por otras inteligencias lo suficientemente estúpidas, sin embargo, como para darse solo a conocer a granjeros de Missouri (EE.UU), o de la Patagonia (Argentina), y eso tras realizar un viaje de varios años-luz, es decir, muy, pero que muy, muy, largo. Si contactar con un ser humano e inteligente es lo que les preocupa, ¿no podrían contactar, en cambio, con el presidente estadounidense, quien, salvo excepciones puntuales, no posee una inteligencia o preparación superiores a las de cualquier granjero de Missouri? ¡Vaya una cósmica pérdida de tiempo, si no lo hacen pronto!

Bromas aparte, parece que la idea de que no estamos solos en el universo es aceptada y está muy extendida entre los humanos pensantes, y más aún entre los no pensantes. Es esta una idea que nos proporciona cierto alivio, ya que no nos gusta sentirnos solos, ni siquiera cuando la compañía puede convertirse en una amenaza.

Y hablando de amenazas, es notable que un científico del prestigio de Stephen Hawking, recientemente (abril de 2010) haya convertido el tema de los extraterrestres en uno de los temas de actualidad en la prensa. Hawking, en su nueva serie televisiva, "*Al universo con Stephen Hawking*" nos advierte del peligro que supondría dar una respuesta a cualquier civilización extraterrestre que tratara de contactar con nosotros, lo que les confirmaría las coordenadas de nuestro planeta para que pudieran venir y... ¡conquistarnos! Muchos científicos, sin duda Hawking, creen que el universo se encuentra, probablemente, lleno de civilizaciones más avanzadas que la nuestra, las cuales podrían entrar en contacto con nosotros cualquier día.

Sin embargo, otros mantienen que la Tierra es una rareza en el universo. Esta hipótesis se ha denominado la hipótesis de la Tierra rara, propuesta y defendida en el libro "*Rare earth: Why complex life is uncommon in the universe*" (*Tierra rara: Por qué la vida compleja no es común en el universo*), escrito por el geólogo y paleontólogo Peter Ward y por el astrónomo y astrobiólogo Donald E Brownlee[7]. En su libro, estos autores analizan los factores que pueden ser necesarios para que surja una vida compleja sobre un planeta, y concluyen que son tan numerosos y tan improbables que no debe haber muchos planetas similares a la Tierra en el universo.

Sin embargo, descubrimientos recientes de la astronomía demuestran, en efecto, que en lo que se refiere al menos a los planetas y sistemas planetarios, no estamos solos. Se han descubierto centenas de sistemas planetarios extrasolares[8]. Del estudio de su frecuencia y distribución se concluye que pueden existir quizá hasta billones de billones de planetas en el universo observable. No obstante, estos descubrimientos indican también que nuestro sistema solar es una rareza dentro de los sistemas solares, que normalmente cuentan con planetas gigantes, similares o mayores a nuestro Júpiter, mucho más cerca de su estrella central, incluso más cerca que Mercurio orbita al Sol. Esta rareza no es una rareza sin importancia, ya que ha podido afectar de manera fundamental al hecho de que en uno de los planetas, en este caso, nuestro querido planeta Tierra, haya surgido la vida y esta haya tenido el tiempo y la relativa tranquilidad para evolucionar hasta desarrollar una civilización tecnológica.

La rareza de nuestro sistema solar, con sus planetas pequeños y rocosos cercanos a la estrella central y los planetas más grandes alejados de ella, no se limita a la distribución planetaria, sino que incluye a nuestro propio planeta Tierra y a su satélite, la Luna. La Luna es un satélite muy raro, se lo puedo asegurar, y por esta razón su presencia a nuestro lado ha podido ser determinante para que estemos aquí escribiendo sobre ella. No quiero decir con esto que la

Luna ha sido esencial para que surja la vida sobre la Tierra, pero sí para que hayamos adquirido la suficiente inteligencia y tecnología como para poder averiguar su importante influencia sobre la vida y la civilización en nuestro planeta.

De todo esto vamos a hablar en este libro, porque los conocimientos científicos acumulados, a pesar de haber demostrado que existen miles de millones de galaxias y, probablemente, billones de billones de planetas, nos sugieren que, de todas formas, es probable que, a efectos prácticos, estemos solos en el universo y que, en efecto, esto resulte en un cósmico desperdicio de espacio. En lo que sigue intentaré explicar si esto puede ser cierto y por qué.

En nuestro viaje partiremos del mismo origen de la vida y explicaremos por qué no es probable que en el universo conocido pueda existir vida basada en una química diferente a la nuestra. Continuaremos viajando y realizando conexiones entre los conocimientos científicos en diversas áreas de la ciencia hasta alcanzar una conclusión, una tesis, de la que el lector será el último juez sobre su validez y justeza. En suma, realizaremos un pequeño viaje por la ciencia de la vida, del universo y de la inteligencia que, aunque no nos conduzca a ninguna parte, como sucede quizá con muchos de los viajes que entablamos en la vida, espero nos permita disfrutar y aprender en su recorrido, lo cual, en mi opinión, es siempre lo más importante de los viajes, incluido el propio viaje de la vida humana.

No olvide abrocharse el cinturón, que allá vamos.

Jorge Laborda. Noviembre de 2010

Notas de la introducción

———————————————————

1 http://galileo.rice.edu/sci/instruments/telescope.html

2
http://www.archive.org/stream/galileohislifean011377mbp/galileohislifean011377mbp_djvu.txt

3 http://www.s4ulanguages.com/hgwells.html

4 http://en.wikipedia.org/wiki/Orson_Welles

5 http://en.wikipedia.org/wiki/The_Invaders -
http://www.youtube.com/watch?v=g3fu3iIfRK4

6 http://en.wikipedia.org/wiki/Star_Wars

7 Peter Ward and Donald E. Brownlee (2000). "Rare Earth. Why complex life is uncommon in the universe" Ed. Springer (December 10, 2003). ISBN-10: 0387952896. ISBN-13: 978-0387952895

8 http://exoplanet.eu/

Capítulo 1. Universos

Uno de los problemas filosóficos para mí más interesantes es por qué existe algo en lugar de no existir nada. No te asustes, no voy a tratar de resolver este asunto aquí, aunque la ciencia nos proporciona alguna respuesta parcial a esta pregunta. Pero aún más interesante es el problema de por qué existe un ser consciente de su propia existencia en lugar de existir solo seres que la ignoran. Dicho de otro modo: ¿Por qué existimos nosotros en lugar de existir solo objetos inanimados o seres vivos sin conciencia? ¿Hay alguna razón? ¿Qué o quién decide lo que existe y lo que no?

Tampoco voy a entrar en este tema en profundidad, respira. Pero el hecho incontrovertible es que el universo en el que nos encontramos es un universo en el que ha sido posible el desarrollo de la vida. Y no solo estamos en un universo biopermisible, sino en un universo que, además de que ha permitido el origen y evolución de la vida, ha permitido el origen y la evolución de la inteligencia, la consciencia y, al menos, una civilización tecnológicamente avanzada, capaz de comunicarse mediante el empleo de ondas electromagnéticas: la nuestra. ¿Por qué es así, y no de otro modo?

Quienes posean algún tipo de creencias religiosas posiblemente responderán a estas preguntas haciendo uso de las mismas. El universo fue creado por Dios, diseñado por él. Nosotros fuimos igualmente obra de su ingenio creador, y aquí estamos. Punto pelota de baloncesto. El misterio no es este mundo, sino lo que nos espera en el siguiente.

Pero aunque estas ideas estén en lo cierto, todavía podemos preguntarnos por qué existe un Dios en lugar de no existir nada, y por qué existe un Dios que sabe que existe en lugar de un Dios que no lo sabe (aunque este Dios ignorante no sería un Dios como Dios manda, por supuesto). Para acercarse a las respuestas de esas preguntas y, en particular, a las de las preguntas sobre nuestra propia existencia, que es en realidad lo único que sentimos necesidad de explicar y dar sentido, la ciencia nos proporciona hoy una multitud de datos que es necesario tener en cuenta. Por supuesto, estos nuevos conocimientos no pueden aún responder a las preguntas fundamentales, pero no cometamos el error de pensar que puesto que la ciencia no las puede responder ahora, nunca podrá hacerlo. La investigación científica ha sido, y sigue siendo, la que mejores respuestas ha proporcionado y proporciona al ser humano, a su condición de tal, y al por qué de sus pasiones, de sus necesidades, o de sus cualidades. Y si la ciencia todavía no puede responder a preguntas como las que formulaba arriba, quizá un día sí pueda hacerlo. Tal vez un día, por fin, hablemos con Dios, si este existe, o averigüemos que estamos solos y somos simplemente el resultado del comportamiento de la materia, materia que existe porque algo necesariamente existe desde siempre o ha comenzado a existir en un momento dado, aunque este "momento" tenga que situarse necesariamente fuera del tiempo y del espacio, porque ni si quiera ellos existían.

Dejemos pues, de momento, estas cuestiones, y adentrémonos por terrenos más conocidos. Como decía, es evidente que nuestro universo es un universo que ha permitido el desarrollo de la vida. La ciencia conoce hoy que tanto las condiciones de la gran explosión inicial (Big Bang) que al parecer dio lugar a su nacimiento, como las propias leyes de la Naturaleza que rigen el comportamiento de la materia, no pueden ser muy diferentes de lo que son para que en el universo se pueda desarrollar la vida. Por ejemplo, imaginemos que la fuerza de la explosión inicial hubiera sido mayor de lo que fue, quizá un 10% o un 20% mayor. En ese caso, es posible que la materia se hubiera dispersado demasiado rápidamente para permitir su agrupación en estrellas y galaxias. Sin la formación de estrellas, la vida no sería posible. Imaginemos, al contrario, que la potencia de la explosión hubiera sido menor. En esta situación, es posible que la materia se hubiera agrupado de nuevo rápidamente por gravedad y el universo hubiera regresado al estado inicial mucho antes de que transcurriera el tiempo necesario para que se desarrollara la vida, y no digamos la inteligencia.

Podemos imaginar experimentos mentales similares no solo con la potencia inicial de la explosión, sino con las propias leyes que gobiernan el comportamiento de la materia, del espacio y del tiempo. Por ejemplo, si la fuerza de gravedad hubiera sido menor de lo que es, igualmente el universo se hubiera dispersado muy rápidamente: las estrellas no hubieran podido formarse; si hubiera sido mayor, a igualdad de potencia de la explosión inicial, la materia se hubiera agrupado de nuevo muy rápidamente, sin dar tiempo para el desarrollo de la vida.

Situaciones similares las encontramos con las otras fuerzas que operan en el universo: la fuerza nuclear fuerte, la electromagnética, y la nuclear débil. Estas dos últimas, aunque ahora parecen fuerzas diferentes, en el nacimiento del universo estuvieron unidas en solo una[1]. Si la fuerza fuerte fuera más débil de lo que es, muchos elementos químicos, algunos imprescindibles para la vida como la conocemos, no podrían existir. La fuerza fuerte es la que mantiene unidos a los protones, de carga positiva, en el núcleo atómico, a pesar de la repulsión electrostática que estos ejercen entre sí. Como sabemos, el número de protones del núcleo determina la naturaleza química de los elementos. Por ejemplo, el carbono posee seis protones en el núcleo y el hierro, veintiséis. Si la fuerza fuerte fuera algo más débil quizá el hierro no pudiera formarse o fuera inestable y se desintegrara, como le sucede a los elementos radiactivos más pesados, tales como el uranio o el plutonio. Sin hierro en el universo, desde luego la vida como la conocemos hoy sería imposible.

Así pues, las leyes y las constantes de la Naturaleza no pueden ser arbitrariamente diferentes de lo que son o, en caso contrario, la vida no podría desarrollarse en nuestro universo. Existe pues un rango biopermisible de valores para las fuerzas que actúan sobre la materia. Si estos valores fueran diferentes en algún grado aún no determinado, pero pequeño, no estaríamos aquí hablando de estos temas tan decisivos.

Es realmente sorprendente que nosotros, seres generados por el universo que habitamos, podamos ahora imaginar otros universos que se comportarían de acuerdo a leyes naturales diversas y que podrían o no originar en su seno otros seres dotados de imaginación. Lo que esto parece sugerirnos es que no parece resultar necesario que estemos aquí. Podrían existir una multitud de universos diferentes, en la mayoría de los cuales no existiría la vida. Y podrían existir una multitud de universos diferentes que albergaran la vida, pero en la mayoría de los cuales no se desarrollaran seres inteligentes. Obedeciendo las leyes de la probabilidad y la estadística, y considerando el más bien estrecho rango posible de valores de las fuerzas y constantes que rigen la evolución de la materia para hacerla compatible con la existencia de la vida, es indudable que los universos en los que puede desarrollarse la vida y la inteligencia serán una minoría dentro de los universos posibles, si es que existen otros universos (lo cual es una teoría, denominada teoría de los multiversos, seriamente contemplada por algunos científicos, de la que volveremos a hablar con más detalle luego). Sin embargo, a pesar de que todas las consideraciones probabilísticas están en nuestra contra, aquí estamos.

Una vez determinado que el universo en el que vivimos es adecuado para que se desarrolle la vida y la civilización, por improbable que sea, podemos preguntarnos: ¿es necesario que se desarrolle? Dicho de otro modo, en un universo adecuado para la vida: ¿se desarrollará esta siempre? Y en un universo adecuado para la inteligencia y la civilización: ¿se desarrollarán siempre? La intuición nos dice que no necesariamente tendría que ser así. Podemos imaginar universos como el nuestro en los que, sin embargo, la Tierra y sus habitantes no existieran, ni tampoco seres inteligentes en otros planetas. El universo estaría perfectamente bien sin ellos, mejor incluso que con ellos, tal y como van las cosas últimamente en nuestro planeta. Por consiguiente, incluso en un universo adecuado para la vida y la inteligencia no resulta necesario que estas se desarrollen, y que lo hagan o no puede depender de factores aleatorios o caóticos, quizá de cómo se desarrollara la "explosión" inicial que originó todo, a pesar de que en esos otros universos las leyes de la Naturaleza fueran idénticas a las del nuestro.

El azar o la necesidad

Sin embargo, para ser intelectualmente honestos con este asunto (y conviene al menos ser intelectualmente honestos si no podemos serlo de otro modo) es necesario considerar el factor del azar: ¿Existe o no el azar en nuestro universo? Es esta una cuestión que pocos filósofos y científicos han dejado al azar. Es indudable que existen dos posiciones posibles y claramente definidas sobre este asunto: el azar existe o el azar no existe. La posición intermedia, el azar existe y el azar no existe, es demasiado azarosa como para considerarla en serio.

Hablando en serio, según tengo entendido, la Física actual mantiene que el azar es un componente intrínseco del universo[2]. Esto quiere decir que en situaciones en las que todas las variables causales están definidas, el resultado puede ser todavía aleatorio. La mecánica cuántica utiliza el concepto de probabilidad para poder predecir el comportamiento de las partículas y átomos, y su éxito como teoría científica parece dar la razón a quienes mantienen una posición en favor del azar. Igualmente, el fenómeno de la radiactividad sugiere que el azar existe. En una población de átomos radiactivos, de uranio por ejemplo, podemos calcular con exactitud cuántos de esos átomos se habrán desintegrado en un periodo de tiempo determinado, pero no podemos predecir cuándo lo hará un átomo concreto. Podría hacerlo el instante siguiente, o tardar miles de años, o incluso no desintegrarse nunca. Qué átomos concretos se desintegran en un momento dado parece ser, pues, una cuestión de azar aunque, no obstante, esté determinado el número de ellos que lo harán para cada elemento radiactivo en un periodo de tiempo dado[3].

Sin embargo, como decía arriba, es posible considerar una posición alternativa, muy bien resumida por las palabras de Einstein: *"Dios no juega a los dados"* (palabras a las que, parece, el genial físico Niels Bohr respondió: *"Einstein, deja de decirle a Dios lo que debe hacer"*[4]). Esta posición es la siguiente: si desde el primer momento de la vida del universo todo sigue unas leyes determinadas, las leyes de la Naturaleza, que no varían con el tiempo, entonces todo queda determinado desde su origen, y sucederá de acuerdo a las condiciones iniciales y a la aplicación de las leyes a lo largo del tiempo. El azar no sería sino una ilusión debida a nuestra incapacidad para conocerlo todo. Por ejemplo, en el caso de la radiactividad, no podemos conocer qué átomos se van a desintegrar en el instante siguiente, pero eso no quiere decir que no estén determinados. De hecho, que podamos predecir la proporción de los que lo harán en un tiempo dado puede interpretarse como que, en efecto, está determinado que alguno de esos átomos lo haga, aunque no sepamos identificar cuáles en particular y por qué son esos y no otros. Es decir, podríamos pensar que precisamente porque está determinado que algunos átomos concretos van a desintegrarse en un tiempo dado podemos predecir cuántos lo harán por término medio y podemos deducir las leyes de la desintegración radiactiva.

Un ejemplo cotidiano de cómo las condiciones iniciales y la obediencia de unas reglas concretas determinan el estado final lo tenemos en el juego de Sudoku. El estado inicial de un

Sudoku muestra números particulares cuyas posiciones en las casillas determinan las posiciones de los números desconocidos que tenemos que ir averiguando y colocando en las casillas vacías adecuadas, aplicando las reglas propias del Sudoku y las leyes de la lógica. El hecho de que inicialmente no conozcamos qué numero debe colocarse en una determinada casilla no quiere decir que no esté determinado dicho número, que debe ser uno y no otro diferente para que el Sudoku esté bien resuelto.

Que un suceso sea clasificado como aleatorio, por ejemplo el lanzamiento de un dado (si no lo lanza Dios), viene determinado por la imprevisibilidad, la cual no supone necesariamente indeterminación. La imprevisibilidad quiere decir que la mente humana es incapaz de prever el resultado de un evento futuro, ni siquiera con la ayuda de los mejores ordenadores, aunque pueda estar determinado. La indeterminación, por otra parte, significa que el evento no está previamente determinado y podría haber sucedido de otra forma diferente de la que lo ha hecho. Volviendo al ejemplo del dado, si al lanzarlo nos sale cinco, podemos pensar que este resultado no estaba determinado, e igualmente hubiera podido salirnos otro número de los posibles. Sin embargo, un problema con esta manera de contemplar las cosas es que *cada evento que sucede en el universo es un evento único en el espacio-tiempo, el cual nunca puede ser repetido.* Es decir, si al lanzar un dado jugando al Parchís nos sale cinco y al volverlo a lanzar *más tarde* nos sale uno, no podemos concluir por ello de manera definitiva que los resultados de los lanzamientos no estaban determinados desde el inicio del universo, porque cada uno de ellos *sucede en un momento diferente* de la evolución espacio-temporal del mismo y, por tanto, no en idénticas condiciones. Entre el instante del primer lanzamiento y el del segundo, el universo se ha expandido; el Sol ha convertido masa en energía y ejerce una ligera menor atracción gravitatoria sobre la Tierra y sobre el dado; la Luna ha avanzado en su órbita y su atracción gravitatoria también ha cambiado... Así podríamos seguir listando condiciones diferentes entre el instante del primer lanzamiento y el instante del segundo, pero para describirlas todas nos haría falta el tiempo que le queda de vida al universo, y no tenemos tanto.

En todo caso, las leyes de la Física son compatibles con que el dado caiga una vez de un lado, otra vez de otro, o del mismo. Es decir, en una serie de lanzamientos, el resultado final será cercano, pero casi nunca igual, a que 1/6 de las veces salga cada uno de los números de las caras del dado, pero esto es también compatible con que cada evento individual, que sucede, insisto, *una sola vez* en el tiempo, esté determinado.

En otras palabras, para comprobar que un evento sucede al azar habría que repetirlo en el mismo instante espacio-temporal de la evolución del universo. Es decir, para demostrar que le azar existe tras lanzar un dado a las 11:00 AM en punto y salirnos cuatro, tendríamos que volver atrás en el tiempo de nuevo, justo hasta las 11:00 AM, lanzar el mismo dado y que saliera, por ejemplo, tres. Podríamos entonces volver de nuevo a las 11:00 AM y lanzar el dado de nuevo. Esta vez podría salirnos el dos. De suceder algo así se demostraría que el azar existe y que el mismo evento en el mismo espacio-tiempo de nuestro universo puede suceder de formas alternativas.

Si, por el contrario, al volver atrás en el tiempo hasta las 11:00 AM, al lanzar el dado nos saliera de nuevo cuatro, y tras volver otras tres o cuatro veces atrás en el tiempo hasta las 11:00 AM y repetir el lanzamiento nos saliera todas las veces cuatro, podríamos sospechar que el azar no existe, aunque no podríamos concluirlo definitivamente. De hecho, este resultado sería algo paradójico por su naturaleza probabilística, porque para probar que el azar no existe deberíamos estar infinitamente volviendo atrás en el tiempo, lanzar el dado y que siempre saliera cuatro. Como no podríamos hacer eso ni siquiera si fuéramos capaces de volver atrás en el tiempo, nos tendríamos que conformar con una probabilidad más o menos grande (dependiendo del número de veces que hayamos repetido el experimento) de que el azar no existe. Sin embargo, y de manera notoria, en este caso la probabilidad sería debida a nuestra incapacidad de conocer con seguridad, no a la existencia del azar.

Sea como sea, estos experimentos son, obviamente, imposibles de realizar. Por consiguiente, no podemos demostrar experimentalmente si el azar existe o no, pero tampoco podemos inferirlo a partir del resultado de eventos "aleatorios" en el tiempo, ya que cada uno de ellos puede estar individualmente determinado desde el origen del universo debido a la inmutabilidad de las leyes de la Naturaleza, a pesar de que el resultado global de los eventos dé la impresión de que suceden al azar.

Así pues, en mi opinión, la continuidad de la evolución del universo en el espacio y el tiempo apoya la idea de que el azar no existe. Para que existiera, sería necesario que, de vez en cuando, las leyes de la Naturaleza cambiaran *aleatoriamente* (tiene gracia) o se suspendieran por un tiempo, para volver a ser reinstauradas por las leyes "normales" después. En otras palabras, para que el azar exista, alguien o algo debe "decidir" suspender o modificar por un tiempo el comportamiento ciego y determinado de la materia. Esa suspensión o modificación caprichosa de las leyes de la Naturaleza es lo único que podría constituir el azar, ya que de otro modo todo evento material estaría determinado desde el inicio del universo.

Las personas religiosas se habrán dado cuenta quizá de que lo que propongo como azar es similar a lo que ellos consideran un milagro, es decir, una intervención divina que deroga las leyes de la Naturaleza por un breve momento. Las heridas sanan al instante, los muertos resucitan, los peces se reproducen, aun muertos. No obstante, es difícil suponer que esa suspensión de las leyes de la Naturaleza constituya un azar embebido autónomamente en el comportamiento del universo, ya que la voluntad de Dios no es seguramente cuestión de azar, sino de sus designios razonables y justos. En realidad, la intervención divina no sería otra cosa que la realización de algunos ajustes necesarios para que el plan divino inicial siguiera su rumbo, por lo que no podría considerarse azar propiamente dicho.

Por consiguiente, podemos pensar que, salvo que la suspensión aleatoria de las leyes de la Naturaleza sea una ley de la propia Naturaleza, el azar no existe. Esto puede resultar paradójico, y lo es. Esa suspensión aleatoria de las leyes de la Naturaleza sería una ley de la Naturaleza que podría decir algo así como: "*Naturaleza, de vez en cuando no sigas tus propias leyes, incluida esta*". Esta ley, sin duda, nos impediría poder conocer y prever lo que va a suceder, pero ¿sería esto azar? ¿Puede el azar derivarse de una ley que impone restricciones a otras?

Por supuesto, nadie ha observado todavía de manera científica semejante suspensión o modificación de las leyes de la Naturaleza, lo que no contradice la idea de que el azar podría no existir. Y si no existe, desde el nacimiento del universo habría estado determinado todo lo que ha sucedido y sucederá. Obviamente, nuestra supuesta libertad individual sería también una ilusión, al menos en lo que respecta a las acciones de nuestro cuerpo material para aquellos que aún piensen que el alma humana existe. Si la materia de nuestro cuerpo sigue las leyes de la Naturaleza, sin duda sus acciones están determinadas, a menos que el azar exista o a menos que algo o alguien fuera de la dimensión material controle esa materia y pueda cambiar o suspender las leyes que rigen su comportamiento.

Por último, son convenientes en este punto unas palabras sobre la teoría del caos. Los sistemas caóticos en física son sistemas cuyo resultado final depende de manera muy sensible de las condiciones iniciales: pequeñas diferencias en ellas dan lugar a resultados muy diferentes e impredecibles. Sin embargo, a pesar de su carácter imprevisible, el comportamiento de estos sistemas es determinista, es decir, no intervienen en ellos factores aleatorios[5]. Por lo tanto, los acontecimientos caóticos revelan nuestra incapacidad para conocer y predecir, no aleatoriedad.

Así pues, es posible que tras el nacimiento del universo todo haya estado determinado, incluso las salvajes especulaciones filosóficas de mi cerebro que torpemente he intentado reflejar en las anteriores palabras. Es posible, pues, que tanto la vida sobre la Tierra como el desarrollo de nuestra civilización hayan estado determinados desde el origen de todo. Sin embargo, aún en este caso, continuamos sin saber si está determinado que se desarrollen también vida y civilización en otros lugares de nuestro universo.

Volviendo a esta cuestión, tenemos que considerar, por tanto, que bien está determinado que estemos solos en el universo, bien es cuestión de azar que lo estemos o no. Sin embargo, puesto que no lo sabemos, en ambos casos podemos intentar evaluar cuántas civilizaciones podrían acompañarnos. Y lo podríamos intentar calcular porque, aunque pueda estar determinado desde el origen del universo que ahora esté escribiendo esto, es prácticamente seguro que nadie más en el universo está ahora escribiendo lo mismo, ni posiblemente (¡Dios no lo quiera!) lo volverá a escribir jamás nadie en el futuro. En otras palabras, aunque un cierto suceso o situación esté determinado desde el origen del universo, no es por ello necesario que suceda más veces o en más lugares del mismo. Podría suceder solo una vez en todo el universo y solo en un determinado momento de su existencia, como probablemente esto que está sucediendo ahora, amigo lector, amiga lectora, que lees estas palabras por primera y, seguramente, única vez en la historia del universo. Es posible que seas el único lector o lectora de este libro, o al contrario (¡Dios lo quiera!) que te acompañen muchos. En ambos casos esto puede estar determinado desde el origen del universo, pero nadie lo sabe. Esta analogía nos conduce a concluir que, aunque estuviera determinado que solo existiera una única civilización tecnológicamente avanzada en el universo, o al contrario, que existieran muchas, podemos siempre preguntarnos cuál es la frecuencia de otras civilizaciones similares a la nuestra en nuestro universo? ¿Es elevada o pequeña?

Igualmente, si existe el azar, podemos preguntarnos también cuál es la probabilidad (la frecuencia, por consiguiente) de que existan en el universo otras civilizaciones similares a la nuestra. Su existencia podría no estar determinada, pero en términos estadísticos su frecuencia sí podría estarlo. Sería una situación análoga a la de la desintegración atómica de elementos radiactivos. Quizá no podamos saber ni predecir dónde podremos encontrar una civilización con la que comunicarnos, pero sí estimar cuántas pueden existir en el universo. En suma, que exista el azar o no, la frecuencia de las civilizaciones puede ser estimada considerando las leyes de la Naturaleza y las condiciones en las que el universo evoluciona, conocimiento que la ciencia ha adquirido en un buen grado.

Una última consideración antes de continuar. De igual manera que la gran cantidad de estrellas y galaxias que forman el universo parece indicarnos que las leyes de la Naturaleza son de tal naturaleza (valga la redundancia) que determinan, o al menos favorecen, su formación y existencia, si encontráramos muchas otras civilizaciones en el universo deberíamos concluir que las leyes de la Naturaleza son también de tal naturaleza (valga de nuevo la redundante redundancia) que determinan o favorecen su formación. En otras palabras, deberíamos concluir que el universo es de tal naturaleza que no solo permitiría el desarrollo de vida, inteligencia y consciencia, sino que llevaría implícito su desarrollo desde su origen. En ese caso, quizá fuera lícito llegar a pensar que el sentido del universo sería el de crear en su seno seres inteligentes que llegaran a comunicarse entre sí. Sin embargo, si no encontramos más civilizaciones que la nuestra en todo el universo, o si determinamos que las condiciones de nuestra existencia son tan extraordinarias que es extremadamente improbable que estemos acompañados por otros seres inteligentes, deberemos concluir que somos seres extraños, infrecuentes, y que nuestra existencia no se debe quizá sino a un conjunto afortunado de circunstancias, pero no al hecho de que las leyes de la Naturaleza sean de tal naturaleza (obvio la triple redundancia) que estén diseñadas para favorecer el desarrollo de la inteligencia, la consciencia y la civilización.

La paradoja de Fermi

El asunto de si existen o no otras civilizaciones en el universo no ha sido solo abordado por autores de ciencia-ficción, sino también por científicos de primer nivel. Uno de ellos fue, nada menos, que el físico italiano Enrico Fermi (1901–1954), conocido por sus contribuciones al desarrollo del primer reactor nuclear y a la teoría cuántica de la materia[6]. Fermi fue galardonado con el premio Nobel de Física en 1938 por su trabajo sobre la radiactividad artificial, y es considerado uno de los científicos más importantes de la historia.

Seguramente Fermi es menos conocido por su paradoja sobre las civilizaciones en el universo. Esta paradoja, enunciada en 1950 en una conversación casual durante una comida con sus colegas, viene a decir que si el universo, o al menos nuestra galaxia, fuera abundante en otras civilizaciones, alguna ya nos habría contactado. ¿Por qué entonces nadie ha contactado con nosotros todavía, ni siquiera mediante sondas espaciales robotizadas, como las que enviamos a otros planetas del sistema solar y más allá?[7]

Algunos pensarán que la paradoja no es tal porque, en realidad, las civilizaciones extraterrestres ya nos han descubierto, e incluso algunos de sus miembros habitan entre nosotros, como demuestra el fenómeno OVNI (Objetos Volantes No Identificados). Ya hemos mencionado que la literatura y el cine de ciencia-ficción han bebido de esta idea en numerosas ocasiones. Como ejemplos, basta con mencionar las películas "2001: *Una Odisea del Espacio*" o, más recientemente, "*Avatar*". Sin embargo, no contamos con evidencia científica contrastada que nos permita concluir que estamos siendo visitados u observados, por civilizaciones extraterrestres, y mucho menos para concluir que algunos extraterrestres habitan entre nosotros, a pesar de la pinta que tienen algunos. De hecho, carecemos de evidencia incluso para poder decir que existe vida en otro lugar del universo[8], lo que evidentemente incluye la existencia de otra civilización que intente comunicarse con nosotros a través de las ondas de radio, por ejemplo.

Sin embargo, tal vez pensarás, al contrario del caso anterior, que bien hay que ser un gran científico, bien estar muy loco, para enunciar semejante idea, porque lo sensato es pensar que las civilizaciones extraterrestres no existen o que, si lo hacen, no viajarán por el espacio para contactar con otras civilizaciones. Si esta idea la hubiera enunciado un loco, o también un científico sin renombre, probablemente no hubiera sido considerada más que como una ocurrencia sin importancia. Pero Fermi sabía lo que decía, y lo más importante, sus colegas creían que lo sabía; tenían fe en su intelecto, y por esa razón esta idea fue analizada con más detalle.

En primer lugar, se realizó una estimación de cuantas civilizaciones podrían ser contemporáneas a la nuestra en la galaxia. No voy a entrar ahora en cómo se hace esta estimación, que explicaremos más tarde (capítulo 5) porque es sencilla. Baste con decir que los expertos en este asunto (si es que alguien puede considerarse experto en estimar el número de civilizaciones extraterrestres), y en particular Paul Horowitz[9], de la universidad de Harvard, estiman que podría haber unas mil civilizaciones en nuestra galaxia capaces de la comunicación por radio transmisión. No parecen tantas pero, en realidad, son muchas.

Son muchas porque si suponemos que cada civilización disfruta de un tiempo de existencia, es decir, que las civilizaciones, como los seres vivos, nacen y mueren, y que van formándose y destruyéndose a una tasa más o menos constante, considerando que nuestra galaxia, la Vía Láctea, cuenta con más de trece mil millones de años de edad (comparados con solo los cuatro mil quinientos de nuestro sistema solar) y que se estima que en solo mil millones de años tras el Big Bang la galaxia y el universo habrían generado suficientes elementos químicos como para sustentar la vida, entonces para que existan ahora mil civilizaciones junto a la nuestra tendrían que haber existido unos doce mil millones de civilizaciones en la historia de la galaxia. ¿Cómo es entonces posible que no hayan llegado hasta aquí ni dejado rastro alguno, si hubieran podido surgir civilizaciones en la galaxia con millones de años de ventaja sobre la nuestra?

Los expertos consideran que existen cuatro razones posibles por las que, aun habiendo numerosas civilizaciones en la galaxia, estas no nos han contactado. Estas cuatro razones son las siguientes:

1. Quizá los viajes interestelares son imposibles para los seres vivos. De hecho, a velocidades comparables a la de la luz incluso meteoritos del tamaño de un grano de arena podrían destruir cualquier nave espacial. En este caso, los extraterrestres nunca hubieran podido llegar hasta nosotros, aunque lo hubieran pretendido. En mi opinión, es probable que incluso si los viajes interestelares fueran imposibles para los seres vivos, probablemente no lo sean para los robots, los cuales sí hubieran podido visitarnos, procedentes de una civilización u otra.

2. Quizás las civilizaciones extraterrestres se encuentren, de hecho, explorando la galaxia, pero no nos han encontrado aún. Pienso, sin embargo, que doce mil millones de civilizaciones en la galaxia son muchas a lo largo de su historia como para que ninguna nos haya encontrado. Claro que hay quien puede pensar que sí lo han hecho en el pasado, y lo siguen haciendo ahora, pero, insisto, carecemos de evidencia suficiente y objetiva para poder concluir esto.

3. Quizá los viajes interestelares sí son factibles pero los extraterrestres deciden no salir de sus planetas

a explorar ni colonizar el espacio exterior. No obstante, pienso que es muy difícil considerar seriamente que los miles de millones de civilizaciones que, según los cálculos, han podido existir en la galaxia hayan decidido quedarse calentitas y cómodas en sus planetas. En particular, aquellas civilizaciones que se encuentren en la situación de que su estrella esté moribunda tienen interés en abandonar sus planetas e intentar colonizar otros. Esto espolearía la colonización espacial, lo que conduciría a la colonización de la galaxia, como explicaremos luego.

4. Por último, quizá los extraterrestres estén ya aquí, pero hayan decidido no interferir con nosotros. De nuevo, creo que si las civilizaciones son numerosas en la galaxia es difícil suponer que ninguna de las que han llegado hasta nosotros desee comunicarse. Puesto que no se han comunicado con nosotros, esto indica, por tanto, que si los extraterrestres han llegado hasta la Tierra, no deben ser numerosos, es decir, serán solo individuos de una o de unas pocas civilizaciones introvertidas. De ser así, esto querría decir que en realidad las civilizaciones no son tan numerosas como se supone, en particular porque ha sido una constante de las distintas civilizaciones humanas entablar contacto con otras civilizaciones y colaborar con ellas o intentar dominarlas. No creo que las civilizaciones que hayan dedicado los recursos necesarios para explorar la galaxia hayan

también decidido pasar desapercibidas si encuentran otra civilización. ¿Por qué saldrían, si no, a explorar la galaxia?

Aunque alguna de las razones anteriores pudiera explicar por qué ninguna civilización extraterrestre nos ha visitado todavía, es necesario explicar también por qué en el caso de que las civilizaciones extraterrestres sean numerosas pero decidan no salir de sus planetas o no puedan explorar el espacio exterior, tampoco parezcan desear comunicarse mediante ondas de radio. Si una civilización extraterrestre descubre que le resulta imposible o demasiado costoso viajar por el espacio, incluso con robots u otras tecnologías, no por eso le resultaría menos interesante intentar responder a la importante pregunta, tanto científica como humanística (o extraterréstrica), de si está sola en el universo. En este caso, esta civilización dedicaría un mayor esfuerzo a enviar señales de radio al espacio exterior, ya que, además, supondría que ninguna otra civilización podría viajar hasta su planeta para contactar, amigablemente o no, con ella. En otras palabras, si los viajes interestelares fueran imposibles, es de esperar que las civilizaciones intentaran comunicarse con más empeño mediante señales de radio. No obstante, no hemos detectado señales de radio extraterrestres que provengan de seres inteligentes. El programa SETI (*Search for ExtraTerrestrial Intelligence*, búsqueda de inteligencia extraterrestre) lleva intentando detectar emisiones de radio de civilizaciones extraterrestres desde 1960[10]. Este programa no ha tenido éxito, por el momento, a pesar de la sofisticación de los medios materiales y humanos dedicados a la labor, incluido el programa de computación compartida SETI@Home[11], que ha creado mediante el empleo compartido de millones de ordenares personales, el ordenador virtual más potente del planeta, exclusivamente dedicado al análisis de las señales de radio recibidas del espacio exterior.

Por supuesto, esto no nos permite concluir que las civilizaciones inteligentes no existen, pero sí permite que nos acerquemos a la conclusión de que, si existen, no son numerosas, o no desean comunicarse. Es posible que voluntariamente las civilizaciones eviten emitir en radio frecuencia para indicar su existencia a otras. Si poseen una historia de guerras como la nuestra, quizá sea lo más sensato, después de todo. Pero, de nuevo, si las civilizaciones son numerosas, es difícil suponer que ninguna desee contactar con otras ni siquiera por ondas de radio. Nosotros lo deseamos ¿por qué no lo harían también otras? Además, la energía utilizada por las civilizaciones en su actividad se disipa en radiación infrarroja, que posiblemente puede ser detectada. Este tampoco ha sido el caso hasta ahora. Una posible explicación para ello puede ser que las civilizaciones que pudieran existir en la galaxia son tan primitivas como la nuestra y no han tenido el tiempo necesario ni siquiera para revelar su presencia mediante emisiones electromagnéticas involuntarias. Sin embargo, es también posible que estemos solos. Al fin y al cabo, algún animal fue el primero en salir del mar y arrastrarse por la tierra firme. Igualmente, quizá la nuestra sea la primera civilización galáctica y por esta razón nadie nos ha contactado: no hay nadie ahí fuera.

En todo caso, si podemos eliminar cada una de las explicaciones potenciales de la paradoja de Fermi, tendremos que concluir que posiblemente somos la civilización más avanzada de la galaxia, quizá la única hasta el momento. Igualmente, si logramos concluir que no hay tantas civilizaciones como los expertos creen, que quizá solo exista la nuestra en la galaxia, por supuesto, habremos alcanzado la misma conclusión.

Pero, en este punto, pido disculpas porque hemos corrido mucho. Todavía no hemos explicado por qué la paradoja de Fermi nos plantea un serio problema. Todavía no hemos explicado por qué es extraño el hecho de que, si las civilizaciones son numerosas en la galaxia, no hayamos sido contactados por ninguna de ellas. Para hacerlo, permítame que le explique los análisis realizados por el astrónomo Michael H Hart y el ingeniero David Viewing en dos artículos independientes publicados en 1975[12]. El análisis fue más tarde ampliado por el físico Frank J. Tipler[13] y el radioastrónomo Ronald N. Bracewell[14]. Como puede comprobar, este tema no ha sido objeto de atención de solo una mente privilegiada, sino de varias.

Este análisis parte de la suposición, muy probablemente cierta, como hemos dicho, de que no hemos sido contactados por civilización alguna. Es posible que el fenómeno OVNI pueda ser debido, como algunos mantienen, a naves tripuladas procedentes del espacio exterior, pero esta explicación no es ni la única, ni la más probable. A falta de mejor evidencia, debemos suponer, insisto, que aún no hemos sido visitados ni contactados por otras civilizaciones extraterrestres.

Y esto es un problema serio para mantener viva la idea de que no estamos solos en el universo y de que existen muchas civilizaciones similares a la nuestra en la galaxia. La razón es la siguiente: supongamos que una civilización tecnológicamente avanzada descubre la manera de viajar por el espacio y de colonizar otros planetas. Supongamos que envía unos pocos colonos a los planetas que giran alrededor de una o dos estrellas más cercanas. Después de que las colonias se hayan establecido en esos planetas, envían a su vez nuevos colonos a los planetas de las estrellas más cercanas. Igualmente, tras su asentamiento, estas colonias envían de nuevo más colonos a las estrellas más próximas... Es fácil visualizar que si sucediera esto, cada civilización enviaría una "ola" de colonos desde su planeta de origen. ¿Cuánto tiempo tardaría esa ola en llegar hasta nosotros, partiendo de cualquier punto de la galaxia?

Para responder a esta pregunta, podemos ser todo lo generosos que queramos con nuestras suposiciones. Consideremos, por ejemplo, que los planetas colonizados se encuentran a una distancia media de diez años-luz (la distancia recorrida por la luz en diez años, que es de alrededor de 95 billones de Km.). Supongamos que las naves espaciales viajan a una velocidad media de solo el 10% de la velocidad de la luz (nuestros ingenieros y científicos ya han diseñado, sobre el papel, naves que podrían viajar al doble de esa velocidad). Por último, supongamos que transcurren cuatro siglos desde el establecimiento de la colonia en un nuevo planeta hasta que se envía una segunda expedición a otro planeta cercano. Con estos parámetros, es fácil calcular que cualquier civilización habría podido colonizar la galaxia en solo ¡cinco millones de años!, es decir, menos tiempo que lo que ha tardado el ser humano en evolucionar desde el ancestro común del chimpancé y de nuestra especie.

Ni que decir tiene que cinco millones de años es un tiempo completamente ridículo comparado con la edad de la galaxia, que puede rondar los diez mil millones de años. Ante las diferencias de escalas temporales de las que hablamos, podemos incluso suponer una velocidad de colonización más lenta: por ejemplo, que cada etapa colonizadora tarde hasta cuatro mil años, en lugar de los cuatrocientos supuestos, es decir, un tiempo similar al desarrollo de la civilización humana desde sus albores, lo que de todos modos parece un tiempo excesivo para el proceso que estamos considerando. Aun en este supuesto, la colonización de la galaxia sucedería en cincuenta millones de años, en lugar de cinco, lo que sigue siendo un tiempo muy pequeño con respecto a la edad de la galaxia.

Lo anterior quiere decir que la primera civilización con la suficiente capacidad tecnológica para entablar viajes interestelares habría colonizado la galaxia de una manera casi instantánea comparada con la edad de la misma. Es decir, una sola civilización habría podido colonizar la galaxia entera antes incluso de que otras civilizaciones competidoras tuvieran tiempo de evolucionar hasta el punto de poder iniciar una colonización por su cuenta. Si en lugar de una sola civilización suponemos la existencia de varios miles de ellas a lo largo de la historia de la galaxia, concluimos que toda ella debería estar colonizada desde hace muchos millones de años. Esto podría haber sucedido, además, varias veces a lo largo de la historia de la galaxia. Sin embargo, no hemos podido descubrir evidencia objetiva alguna de que la Tierra haya sido colonizada en el pasado, o esté siendo visitada ahora.

OVNIS y OVIS

Es quizá necesario detenernos un poco más en este punto. En primer lugar, es evidente que no tenemos hoy un contacto fluido con civilizaciones extraterrestres (a menudo, no lo tenemos ni con las terrestres). Por consiguiente, si estas nos visitan, lo hacen en secreto. Es lo que creen algunas personas, que mantienen que los objetos volantes no identificados (OVNIS) son en realidad naves espaciales procedentes de otros planetas. Estas naves, en caso de establecer presunto contacto con algún miembro de nuestra especie, generalmente lo hacen con algún pobre habitante, más bien mentalmente primitivo, de alguna región despoblada y perdida. En ningún caso una comisión diplomática ha aterrizado en medio de los jardines de la Casa Blanca, o del Kremlin, o incluso cerca de la Moncloa (donde vive el proponente de la alianza de civilizaciones), para darse a conocer al mundo. Por el momento, esto solo ha sucedido en historias de ciencia-ficción. En este caso, la realidad no supera la ficción, por el momento. Además iremos viendo más adelante por qué es improbable que el primer contacto entre nuestra civilización y otra extraterrestre se produzca pronto.

Claro que algunas personas creen que, en realidad, los extraterrestres ya nos visitaron en el pasado y, de hecho, fueron quienes sembraron de vida nuestro planeta. Y bien, aunque creo que esto es aún más improbable que la posibilidad de ser visitados por otras civilizaciones ahora, incluso suponiendo que esto fuera cierto en nada cambiaría el problema planteado por la paradoja de Fermi. La razón es que la civilización que quizá sembrara de vida nuestro planeta ya no parece estar entre nosotros y, además, ninguna otra civilización ha venido desde entonces a turbar la evolución de la vida en nuestro planeta. La unidad molecular de la vida, descubierta por la ciencia, así como la evolución de los organismos vivos, sugiere muy seriamente que la civilización que sembrara la vida en nuestro planeta debió visitarlo cuando la vida sobre la Tierra comenzó, hace al menos tres mil quinientos millones de años, para irse sin dejar rastro. La existencia de tal civilización constituiría un argumento en favor de que la galaxia sea un hervidero de civilizaciones aún hoy, puesto que al menos una surgió muy temprano, hace miles de millones de años. Sin embargo, desde esa época, carecemos de evidencias de que otras civilizaciones existan. ¿Por qué?

Por otra parte, es hoy admitido por los científicos que la mayoría de los OVNIS se convierten en OVIS (Objetos Volantes Identificados). Pero incluso para aquellos que no lo hacen y siguen siendo OVNIS, existen explicaciones más plausibles y probables que suponer que son visitantes de otros planetas[15]. Es una práctica común de la ciencia, por lo razonable de su naturaleza, intentar probar o refutar las hipótesis más probables antes de abrazar las hipótesis más improbables. Entre las hipótesis más probables para los OVNIS se encuentran, por ejemplo, las de fenómenos atmosféricos raros o poco frecuentes, que la imaginación humana convierte en aquello que desea ver. Entre estos fenómenos se pueden citar las esferas eléctricas o las luces causadas por terremotos. Y, hablando de imaginación, no podemos descartar la posibilidad de alucinaciones, o diversos fenómenos visuales, como el efecto autocinético, por el cual un punto estático del campo visual parece moverse[16]. Este fenómeno suele suceder de noche o con poca luz, cuando las referencias por las que determinamos el movimiento de los objetos son confusas. Curiosamente, la mayoría de los avistamientos de OVNIS suceden por la noche. Tampoco hay que olvidarse de trucajes o falsos informes de avistamientos[17]. También es más probable que los OVNIS, si han de ser naves voladoras, sean naves voladoras de origen terrestre, y no extraterrestre. Algunos han postulado la posibilidad de que sean aeronaves experimentales de las diversas potencias militares del planeta[18].

Con lo anterior, no pretendo dar una cuenta exhaustiva de las posibles hipótesis que podrían explicar el fenómeno OVNI, además de la de que son naves espaciales extraterrestres. Deseo, no obstante, dejar constancia mediante ejemplos de la regla de Guillermo de Occam (1288-1348)[19], que postula que cuando varias explicaciones son posibles, aquella más simple y más probable debe ser preferida a las demás. Esto parece muy razonable pero, en mi opinión, es emocionalmente insatisfactorio, por lo que esta regla a menudo no se aplica. Normalmente, la explicación más simple y probable es también la menos atractiva, la menos romántica, la menos excitante. Muchas personas, débiles de espíritu, prefieren una explicación improbable pero emocionalmente atractiva a una explicación razonablemente probable. Se involucran personalmente con las explicaciones, con las ideas; se enamoran, e incluso se casan y se acuestan con ellas, y por ello les resulta tremendamente penoso abandonarlas por ideas más razonables, pero menos amigables.

Para resumir, y no hacer este punto más largo de lo necesario, lo que, por cierto, ya estoy haciendo mencionando estas palabras, no contamos con evidencia sólida de que estemos siendo visitados por habitantes de otros planetas. En ausencia de esa evidencia, tenemos que concluir, aunque no nos resulte emocionalmente excitante, que nadie nos visita. La paradoja de Fermi no está resuelta.

Para resolverla, si el hecho de que no nos han visitado otras civilizaciones, a pesar de que han podido ser muy abundantes en la galaxia, o incluso lo siguen siendo, no cuenta con explicaciones plausibles, habrá que explorar entonces si es plausible que seamos la única civilización de la galaxia, o que solo existan unas pocas, lejanas y aisladas entre sí. Evidentemente, que existan muchas civilizaciones en la galaxia depende de la facilidad con que la vida pueda originarse en otros lugares, y de esto vamos a hablar a continuación.

Notas del capítulo 1

1 http://www.britannica.com/EBchecked/topic/184077/electroweak-theory

2 http://msc.phys.rug.nl/quantummechanics/

3 http://www.britannica.com/EBchecked/topic/486231/quantum-mechanics/77521/Hidden-variables - ref=ref894580

4 http://en.wikiquote.org/wiki/Niels_Bohr

5 http://www.britannica.com/EBchecked/topic/106013/chaos-theory

6 http://www.britannica.com/EBchecked/topic/204747/Enrico-Fermi

7 http://www.faughnan.com/setifail.html

8 http://en.wikipedia.org/wiki/Extraterrestrial_life

9 http://physics.harvard.edu/people/facpages/horowitz.html

10 http://www.seti.org/Page.aspx?pid=1366

11 http://setiathome.ssl.berkeley.edu/

12 Ian Crawford. Where are they? Scientific American, julio 2000, pp 39. http://www.sciamdigital.com/index.cfm?fa=Products.ViewIssuePreview&ARTICLEID _CHAR=7CD199C4-9FAF-4059-B2B9-C543C3545CD

13 http://math.tulane.edu/~tipler/

14 http://www-star.stanford.edu/people/bracewell.html

15 http://en.wikipedia.org/wiki/UFO#UFO_hypotheses

16 http://www.britannica.com/EBchecked/topic/44824/autokinetic-effect

17 http://en.wikipedia.org/wiki/UFO#Famous_hoaxes

18 http://www.rexresearch.com/wingless/wingless.htm

19 http://plato.stanford.edu/entries/ockham/

Capítulo 2. Vidas

Es evidente que el número de civilizaciones extraterrestres que pueden existir en el universo, y en particular en nuestra galaxia, donde más fácilmente podríamos detectarlas, depende de la dificultad con que se pueda desarrollar la vida en la misma. Esto, a su vez, depende de la propia naturaleza de la vida, de en qué consiste la misma, y de qué condiciones son necesarias para que se desarrolle. Si lo que puede considerarse como vivo es amplio, y si la vida puede, a su vez, surgir en diversos entornos y a partir de múltiples elementos químicos, entonces quizá pueda desarrollarse casi en cualquier lugar del universo. Si, por el contrario, lo que puede considerarse como vida es más restringido, si sus requisitos son más estrictos, entonces esta se desarrollará de manera menos extendida.

Los científicos no han dado aún con una definición de vida que contemple todas las características de la misma[1]. Más adelante añadiré yo la mía, pero antes detengámonos un momento en las características de la vida y los organismos vivos, de acuerdo al consenso de la comunidad científica. Estas son las siguientes:

1. Organización: Los organismos vivos deben poseer una estructura organizada, basada en una o más células, que son las unidades básicas de la vida y pueden a su vez organizarse para formar órganos y sistemas en el caso de organismos multicelulares.

2. Homeostasis: Los organismos vivos deben ser capaces de mantener un ambiente interno constante, por ejemplo, la temperatura o la

composición de electrolitos de la sangre, a pesar de las fluctuaciones del entorno exterior.

3. Metabolismo: Los organismos vivos extraen la energía necesaria para su funcionamiento mediante la transformación de moléculas en una red de reacciones químicas integrada y regulada. En esta transformación se producen también los componentes materiales necesarios para su mantenimiento como organismos vivos.

4. Crecimiento: Los organismos vivos multicelulares crecen de manera organizada; aumentan el tamaño de sus órganos y sistemas durante su desarrollo. Además, la especie a la que pertenece el organismo tiende a expandirse y colonizar todo el nicho ecológico donde es capaz de vivir.

5. Adaptación: Capacidad de cambiar en respuesta al entorno. Esta adaptación posee dos vertientes: la adaptación de cada organismo durante su vida (por ejemplo, adaptación a los cambios estacionales, a la disponibilidad de alimento, etc.) y la adaptación de las especies a los cambios en el entorno producidos a largo plazo, que es fundamental en el proceso de la evolución.

6. Reacción ante estímulos externos: Es, en realidad, una adaptación más inmediata a los cambios rápidos y, en ocasiones, cíclicos que se producen en el medio exterior. Por ejemplo, cerrar los ojos ante una intensa luz, o la orientación de las plantas hacia el movimiento del Sol.

7. Reproducción: Es la propiedad de la vida más divertida para todos y todas, y quizá la considerada más fundamental. La reproducción puede ser de

varios tipos, como la división unicelular, en la que una célula se divide en dos, la gemación, o la reproducción sexual. En todos los casos se generan nuevas células a partir de células preexistentes.

De acuerdo con estas características de la vida, propongo la siguiente definición: La vida es una *simbiosis molecular* que genera sistemas complejos (organización), estables (homeostasis), capaces de adaptarse al entorno para mantener su estabilidad (adaptación y reacción a estímulos), de extraer materia y energía del mismo (metabolismo y crecimiento), y de autorreplicarse (reproducción).

Como todas las definiciones, esta intenta resumir las propiedades de los organismos vivos en una frase, que necesariamente debe ser larga. En todo caso, los conceptos clave que la definición recoge son el de *simbiosis molecular* y el de *sistemas complejos estables* en el tiempo, capaces de reproducirse.

Como sabemos, la simbiosis es la relación que dos organismos vivos establecen entre sí de manera que ambos se benefician de ella. Son también posibles relaciones en las que solo uno de los organismos salga beneficiado, por ejemplo en el parasitismo. En mi opinión, las relaciones simbióticas o parasíticas no solo pueden establecerse entre organismos, sino también entre moléculas. Por ejemplo, la molécula de ADN solo puede reproducirse si a partir de ella se generan las moléculas enzimáticas que permiten el proceso de su reproducción. Estas moléculas son también reproducidas en el proceso. Es decir, todo el sistema molecular se reproduce, no solo el ADN. Todas las moléculas se benefician, entendido el beneficio como su permanencia en el tiempo. Es en este sentido en el que podemos hablar de una simbiosis molecular. Así, la base de la vida no son las células o los organismos, sino los sistemas moleculares que los hacen posibles.

Podemos preguntarnos ahora qué características químicas deben poseer las moléculas capaces de interaccionar y colaborar entre sí para formar sistemas complejos (más adelante hablaremos con más detalle de la idea de complejidad que es característica de la vida). ¿Pueden los sistemas moleculares simbiontes formarse basados en diversos elementos químicos, o basados solo en uno?

La vida tal y como la conocemos está basada en el carbono. Ante el problema que nos ocupa, que es, recordemos, si existen o no otras civilizaciones en la galaxia, debemos intentar responder a la pregunta de si la vida y la inteligencia que surjan espontáneamente y evolucionen luego solo pueden estar basadas en el carbono, o si podrían surgir y desarrollarse a partir del comportamiento químico de otros elementos. Y bien, a pesar de las numerosas especulaciones realizadas sobre la posibilidad de que la vida pueda estar basada en otros elementos, en particular en el silicio, la respuesta que la mayoría de los científicos dan a esta pregunta es un "no" bastante rotundo. La vida no es posible a partir de elementos diferentes al carbono. ¿Por qué?

Pese a lo que se puede leer en muchos libros de biología y de química, la respuesta no solo se encuentra en las impresionantes propiedades del carbono, por las que brevemente nos pasearemos, sino también en las propiedades de los otros elementos que pueden interaccionar con él. Es decir, la respuesta depende de los sistemas moleculares que pueden formarse con el carbono y unos pocos elementos determinados, frente a los sistemas moleculares posibles que podrían formarse con el resto de los elementos. Mucho se habla del carbono y la vida, pero sin otros elementos químicos, y sin su capacidad para interaccionar con él, la vida sería imposible. Así pues, la idea importante para entender la base molecular de la vida es la de analizar los sistemas moleculares posibles que pueden formarse por la combinación de varios elementos, y las condiciones necesarias para ello, y no centrarse en uno solo. No obstante, es cierto que el carbono es el elemento central de la vida: mientras quizá la vida podría surgir aun en ausencia de nitrógeno, no podría surgir nunca en ausencia de carbono.

Lo que acabo de decir sobre el papel de los varios elementos que participan en la materia viva quizá parezca obvio, pero es una idea en la que merece la pena detenerse un poco. Como analogía para entender mejor lo que pretendo decir podemos imaginar un dibujo. Imaginemos, para empezar, un dibujo sencillo, formado por una línea negra sobre un fondo blanco. Es evidente que el dibujo solo puede existir si tenemos a la vez la línea y el fondo sobre el que está dibujada. Estos dos elementos, línea y fondo, constituyen un sistema que solo existe si ambos elementos existen en conjunto. Si solo existiera como color posible el negro, el dibujo al que acabo de referirme no podría existir, ya que no podría dibujarse línea alguna sobre un fondo blanco, al no existir dicho color. Es decir, la posibilidad de existencia de ese dibujo depende de la relación entre dos colores. Por supuesto, dibujos más complejos podrían dibujarse con líneas de otros colores, además del negro. Podemos ahora añadir líneas rojas, azules, o amarillas. Cada uno de esos colores añadiría complejidad al dibujo.

Si asimilamos, por analogía, los colores de los dibujos a los átomos de las moléculas, a partir de un átomo determinado pueden ir añadiéndose otros para añadir también complejidad a las moléculas que se pueden ir formando. Pero mientras los colores pueden ir añadiéndose al dibujo sin norma ni regla alguna, no es este el caso de los átomos para formar moléculas. Volviendo a la analogía del dibujo, la existencia de reglas supondría, por ejemplo, que con la línea negra no podrían cruzase otras líneas de ciertos colores, y con una línea amarilla (un átomo distinto), igualmente no podrían cruzarse líneas de otros o los mismos colores que pueden cruzarse con la línea negra. Es decir, cada color seguiría unas reglas particulares que determinarían con qué otros colores podría cruzarse en el dibujo.

Con esta analogía podemos quizá entender por qué el carbono es tan importante para la vida. Supongamos que tenemos una línea amarilla cuya regla asociada es que solo puede cruzarse con una línea azul, y nada más. Es evidente entonces que dibujos de múltiples colores basados en líneas amarillas son imposibles. Todas las líneas amarillas de los dibujos potenciales solo podrán cruzarse con líneas azules, lo que limitará dramáticamente la capacidad de realizar dibujos diferentes, o al menos de colorido diverso.

Imaginemos, sin embargo, una línea negra, cuya regla asociada es que puede cruzarse con otras líneas negras y además con líneas azules, verdes, y rojas. Es evidente que la posibilidad de elaborar dibujos diferentes y de colorido diverso es muchísimo mayor. En otras palabras, mientras la primera situación permite solo la elaboración de dibujos simples, la segunda permite la elaboración de dibujos mucho más complejos. Esta condición es fundamental para los sistemas vivos, los cuales, por definición, son complejos, por simples que sean (hasta el virus más simple posee un elevado nivel de complejidad).

Centrémonos ahora en los átomos, en particular en el carbono. Este elemento es similar a la línea negra de la que hablaba arriba, en el sentido de que puede cruzarse con muchos otros elementos, además de consigo mismo, en particular con el hidrógeno, con el nitrógeno y con el oxígeno, aunque también con el azufre, el cloro o el flúor, entre otros. No obstante, los tres primeros elementos, junto con el carbono, son los más abundantes en las moléculas de los seres vivos. Con el carbono y los otros tres elementos se pueden formar miles de millones de moléculas diferentes. Esto es así, además, porque cada átomo de carbono puede unirse a otros cuatro átomos al mismo tiempo y, en particular, puede unirse a sí mismo formando largas cadenas, lineares, ramificadas o cíclicas. Volviendo a la analogía del dibujo, con cuatro colores y sus reglas de combinación podrían dibujarse miles de millones de dibujos diferentes, porque las líneas no están restringidas tampoco en su longitud.

Así pues, la capacidad del carbono de unirse a sí mismo y a otros varios elementos, en particular al hidrógeno, nitrógeno y oxígeno, es fundamental para que puedan formarse moléculas diversas y complejas. Pero, además de esta propiedad, el carbono posee otra muy importante:

además de poder unirse a estos elementos con facilidad, también puede separarse con relativa facilidad de los mismos.

¿Por qué es esta propiedad importante para la vida? Por varias razones. La primera es que si el carbono se uniera químicamente, por ejemplo, al oxígeno con tanta facilidad y fuerza que no pudiera separarse del mismo, todo el carbono de la Tierra estaría entonces unido al oxígeno. Todo el carbono se encontraría en forma de CO_2. Además del enorme efecto invernadero que sufriría nuestro planeta, no existiría más que una molécula simple, el CO_2, tan estable, es decir, tan difícil de romper, que no podrían originarse moléculas más complejas. Afortunadamente, aunque el CO_2 es una molécula estable, y el oxígeno se une al carbono con fuerza, no se une con tanta fuerza que le impida separarse del carbono y dejarlo libre, permitiéndole unirse a otros elementos, como el nitrógeno, o el hidrógeno, al que se une aún con mayor fuerza que al oxígeno. La separación de carbono y oxígeno la realizan las plantas en la fotosíntesis, proceso en el que el CO_2 y el agua (H_2O) son convertidos en hidratos de carbono (de formula empírica CH_2O), tan necesarios para endulzar la vida.

Otra razón por la que es importante que el carbono no se una con mucha fuerza a un elemento en relación a los otros es que la energía necesaria para romper la unión entre, por ejemplo, el carbono y el oxígeno, es similar a la liberada en la formación de, por ejemplo, el enlace entre el carbono y el nitrógeno, o entre el carbono y el hidrógeno. Siendo de similar magnitud, estas energías pueden utilizarse para la ruptura y formación de enlaces entre el carbono y los otros elementos de manera que el balance energético final no resulte muy elevado. Esto posibilita que las moléculas basadas en carbono, hidrógeno, nitrógeno y oxígeno, es decir, la totalidad de las moléculas de la vida, puedan transformarse unas en otras con facilidad y formar así un sistema molecular complejo en el que el intercambio de materia y de energía es relativamente fácil. Esta propiedad es absolutamente fundamental para llevar a cabo las reacciones químicas que generan la energía y producen los componentes de la materia viva a partir de otras moléculas orgánicas, o a partir de CO_2 y de agua.

Así pues, la facilidad del carbono para formar y romper enlaces con otros elementos resulta fundamental para formar la diversidad de moléculas propias de la vida y la generación de mayor complejidad. Antes de continuar con otros asuntos, conviene detenerse en la idea de complejidad. El diccionario de la Real Academia Española define complejidad como "calidad de complejo". Además define "complejo" como "un todo formado de elementos diversos". Y bien, en mi humilde opinión, esta no es una buena definición para el concepto de complejidad. Para que un objeto sea complejo es ciertamente necesario que esté formado por elementos diversos, pero esto no es suficiente. Para entender por qué, supongamos un objeto formado por cinco partes y comparémoslo con otro formado por diez partes. En principio, el objeto formado por cinco partes sería más simple que el formado por diez. Pero supongamos que las cinco partes que forman el primer objeto pueden unirse en combinaciones diversas, mientras que esta posibilidad no la poseen las piezas que forman el segundo objeto, que solo pueden unirse de una sola forma. Evidentemente, esto querría decir que el primer objeto es solo uno de una serie de posibles objetos que podrían formarse uniendo las cinco piezas de diversas maneras. El segundo objeto, es, al contrario, el único que puede formarse uniendo las diez piezas. Es, por tanto, en el sentido de comparar la existencia real de algo frente a la existencia posible de otras cosas formadas mediante combinaciones diversas de los mismos componentes que forman ese ente, en el que hay que entender la complejidad. Así pues, no solo las moléculas de la vida son complejas porque están formadas por una diversidad de elementos químicos, sino porque estos elementos químicos pueden unirse entre sí de una enorme multitud de maneras diferentes.

Con estas ideas quizá podamos ahora entender mejor por qué la vida está basada en el carbono. Es este el elemento con las propiedades adecuadas, en relación a sí mismo y a los demás, que le capacita para formar moléculas complejas que, además, pueden convertirse unas en otras con relativa facilidad, haciendo posible la generación de sistemas moleculares simbiontes complejos, que son la base de los procesos vitales. ¿Existen otros elementos con propiedades similares a las del carbono? ¿Sería posible que sistemas moleculares complejos pudieran formarse a partir de otros átomos del universo? ¿Sería capaz de formar sistemas similares, por ejemplo, el silicio, que también puede unirse a hasta cuatro elementos diferentes?

Sobre el papel, sería posible, tal vez, pero en la realidad de nuestro universo, es imposible o, al menos, muy improbable. Las razones para esto son varias, y vamos a intentar explicarlas todas (todas las que he sido capaz de descubrir) porque de esta manera creo que entenderemos mejor por qué la vida en el universo solo puede estar basada en el carbono, y por qué si encontramos otra civilización en el futuro, los organismos vivos que pertenezcan a ella estarán también basados en dicho elemento químico.

Silicatos

La primera razón es que el silicio se une al oxígeno con mucha mayor fuerza que con la que se une a otros elementos, en particular al hidrogeno o al nitrógeno. Esta es la razón por la que la práctica totalidad del silicio de la corteza terrestre se encuentra en forma de sílice (sílex, cuarzo, arena…), o de silicatos. La sílice y los silicatos son los minerales más abundantes de la corteza y manto terrestres[2]. La estructura molecular de estos minerales se caracteriza por que el átomo de silicio está rodeado de otros cuatro de oxígeno, unidos a él por enlaces muy fuertes. Los enlaces son tan fuertes, y la sílice tan estable, que el átomo de silicio "prefiere" unirse al oxígeno antes que a cualquier otro elemento, incluido a sí mismo. Esto quiere decir que en presencia de oxígeno no se podrán formar largas cadenas moleculares de átomos de silicio interconectados, como sí pueden hacerlo las de carbono. La imposibilidad de formar cadenas largas de átomos de silicio en presencia de oxígeno imposibilita que puedan formarse moléculas complejas. Solo se formarán moléculas simples formadas principalmente por silicio y oxígeno.

Bueno, pensarás, ¿y qué? Todo lo que tenemos que hacer para conseguir que el silicio se una entre sí y con otros átomos y forme moléculas más complejas, es un ambiente exento de oxígeno. Seguro que el universo, siendo tan extenso, contará con planetas aquí o allá sin oxígeno y en los que el silicio podrá formar cadenas similares a las del carbono, que posibilitarán la generación de sistemas moleculares complejos. Es posible pues que en esos planetas se desarrolle vida muy diferente a la desarrollada sobre el nuestro, y que ¿por qué no?, esa vida también evolucione hasta formar una civilización tecnológica.

Pues bien, no parece tan sencillo. Es cierto que nuestro universo es muy vasto y amplio, y podemos imaginar una enorme variedad de condiciones planetarias posibles, ya que, en esto estaremos de acuerdo, es sobre los planetas donde se desarrollará la vida (al menos vida que valga la pena intentar contactar). Sin embargo, no todo es posible, ni siquiera en el vasto universo, y que el silicio se encuentre en un ambiente exento de oxígeno es muy difícil, por no decir imposible. ¿Por qué?

La razón es que no todos los elementos químicos son igual de abundantes en el universo. Si así fuera contaríamos con similares cantidades de oro, platino o uranio en nuestro planeta. Desgraciada o afortunadamente, no es así. Resulta que el oxígeno es el tercer elemento más abundante del universo. ¡Ahí es nada! Tras el hidrógeno y el helio, los únicos dos elementos primordiales formados en el Big Bang, el oxígeno es el más abundante. Sin embargo, el silicio es solo el octavo elemento más abundante del universo. No está mal, pero se encuentra cinco puestos más abajo en el ranking de abundancia universal. De hecho por cada átomo de silicio existen más de nueve átomos de oxígeno en el universo[3].

Esto quiere decir que existe suficiente oxígeno en el universo como para unirse a todo el silicio y que sobren aún cantidades del mismo como para unirse a otros elementos, como, por ejemplo, el hidrógeno, con el que forma agua, o el hierro, formando óxidos de este metal. Es lo que sucede en nuestro planeta, en el que, en efecto, el oxígeno se encuentra saturando la práctica totalidad del silicio, a pesar de que este elemento es el segundo en abundancia en la corteza terrestre, después, precisamente, del oxígeno. El escaso silicio que puede quedar sin combinarse con el oxígeno reside en profundidades de la Tierra, donde es muy difícil que pueda intervenir en reacciones químicas de la complejidad necesaria para formar organismos vivos. Otras razones que luego exploraremos aumentan la dificultad de esta posibilidad. Es decir, es doblemente dificilísimo que el silicio se una a sí mismo formando cadenas complejas.

Aún así, podrás argumentar: ¿qué importa? Seguro que entre los millones y millones de planetas que parecen existir en nuestra galaxia, de acuerdo a las últimas investigaciones, se encontrará uno en el que el oxígeno esté ausente, a pesar de su abundancia, o que al menos se encuentre en minoría respecto del silicio. Si bien no voy a negar que esto pueda ser cierto, sí voy a negar que sea probable. Es decir, si sucede, no sucede a menudo y serán pocos, incluso muy pocos, los planetas en los que el silicio domine en relación al oxígeno. Además, no todos estos contarán con las condiciones de temperatura, presión, etc., para que una vida basada en el silicio pueda desarrollarse.

La razón que explica por qué muy pocos planetas contarán con más silicio que oxígeno es que el silicio y el oxígeno no se forman en puntos separados, sino juntos en las mismas regiones del universo. Una vez formados, son liberados al espacio exterior a la vez, por lo que salen mezclados. Como el oxígeno se forma mucho más abundantemente que el silicio, esta mezcla, cuando se reúna en planetoides, que luego podrán convertirse en verdaderos planetas, será siempre más rica en oxígeno que en silicio. El silicio acabará irremediablemente unido al oxígeno, porque, como ya hemos dicho, tiene gran afinidad y se une muy fuertemente a él.

Pero, ¿cuáles son los lugares del universo donde se forman los elementos químicos que ahora están en la Tierra y también en nuestros cuerpos? La respuesta podrá sorprender a muchos: en el núcleo de las estrellas. Sí, es en el centro de las estrellas donde se encuentran las condiciones de presión y de temperatura necesarias para que los elementos básicos primordiales, el hidrógeno y el helio, se fusionen entre sí y vayan generando los núcleos de elementos nuevos, entre ellos el carbono, el oxígeno y el nitrógeno, que además del hidrógeno son la base de la vida tal y como la conocemos.

Obviamente, el silicio y el oxígeno, y el resto de elementos que se encuentran en la Tierra, han tenido que salir del centro de la estrella donde se formaron. Transportar al exterior los elementos químicos que se forman en su centro no es una tarea fácil para las estrellas. De hecho, la mayoría de ellas no pueden realizarla. Solo pueden llevarla a cabo estrellas especiales, estrellas grandes, que debido a su gran masa, fusionan rápidamente el hidrógeno y el helio y forman gran cantidad de otros elementos. Debido a la rapidez de la fusión nuclear que experimentan en su centro, estas estrellas viven una corta vida con respecto a las demás, y llegan pronto a su muerte, que se produce en una gran explosión que expulsa la mayoría de la materia de la estrella al espacio exterior. Cuando mueren, estas estrellas masivas se denominan supernovas[4], porque aparecen en el firmamento como una nueva estrella cuyo brillo puede ser incluso mayor que el de la galaxia en la que se encuentran. Pero lo más importante no es la brevedad de su vida y la espectacularidad de su muerte. Lo más importante es que su breve vida ha sido creativa: han creado nuevos elementos, y, tras su muerte, ceden un legado fundamental en su área de influencia que podrá posibilitar el nacimiento de nuevas estrellas, alrededor de las cuales podrán formarse planetas sobre los que tal vez se desarrollará la vida.

Así pues, los elementos químicos que están ahora formando tu cuerpo, el libro de papel o electrónico que sostienes en tus manos, y el sillón o sofá que aguanta tus posaderas, se han formado en el interior de una estrella que explotó. Evidentemente, la brutal explosión tuvo la delicadeza de no separar los elementos formados en la estrella y, al contrario, produjo una gran nube de gas y de polvo que salió disparada de su centro a gran velocidad. A partir de esta nube, de esta nebulosa, se formó una nueva estrella, nuestro Sol, y se formaron los planetas que giran a su alrededor, uno de ellos, la Tierra, donde nos encontramos. ¿No es maravilloso?

Durante la formación del Sol y de los planetas, cuando la velocidad de expansión de la nebulosa disminuyó debido a los efectos de la gravedad, sí se produjo la separación parcial de los elementos por zonas. Algunas zonas de la nebulosa contenían más masa que otras y, por tanto, su atracción gravitatoria era mayor. Estas zonas retuvieron mayor cantidad de hidrógeno, el elemento más ligero y que necesita de una mayor fuerza gravitatoria para ser retenido. De estas zonas se formó el Sol y los planetas gigantes, como Júpiter y Saturno. Otras zonas de la nebulosa con menor aglutinación de materia, no pudieron retener tanto hidrógeno, y solo retuvieron elementos más pesados, como el oxígeno, y afortunadamente también el carbono. Es el caso de nuestro planeta, que solo retiene hidrógeno gracias a que se une al oxígeno formando agua, ya que no posee una gravedad suficiente para retenerlo en forma de gas. No obstante, a pesar de estos efectos gravitatorios, la segregación de los elementos no fue sino muy parcial y estos continuaron mayoritariamente mezclados.

Volviendo a los átomos de oxígeno y de silicio que pueden encontrarse en planetas formados en nuestra galaxia y el universo, estos elementos químicos se han formado como los demás, en el centro de estrellas que murieron como supernovas. Pero a partir del hidrógeno y helio que formaban estas estrellas, hidrógeno y helio que son, como hemos dicho, prácticamente los dos únicos elementos provenientes del Big Bang inicial, no se forman todos los elementos por igual. Algunos se forman más fácilmente que otros. Es el caso del oxígeno, que como hemos dicho, es hoy el tercer elemento más abundante del universo. Esto quiere decir que se ha formado más abundantemente que el silicio, y también que el carbono, el cuarto elemento más abundante del universo, y que el nitrógeno, que ocupa la séptima posición en abundancia. Por supuesto, el hidrógeno sigue siendo todavía el elemento más abundante del universo, con gran diferencia sobre los demás, seguido del helio.

En la superficie de la Tierra existe casi el doble de oxígeno que de silicio, de carbono, de hidrógeno y de nitrógeno juntos[5]. Esto significa que si el oxígeno se uniera fuertemente a todos estos elementos, todos se encontrarían en estado oxidado, como SiO_2, CO_2, H_2O y NO_2, ya que hay oxígeno más que suficiente para oxidarlos a todos. Sin embargo, esto solo sucede en el caso del silicio. No todo el hidrógeno, ni el carbono, ni el nitrógeno se encuentran unidos al oxígeno, y esto se debe, como hemos dicho, a que estos elementos se unen unos con otros con similar afinidad. Sin embargo, el silicio, no. El silicio es fiel al oxígeno. Una vez unido a él no hay quien lo separe del mismo (al menos en las condiciones de temperatura encontradas en la superficie de la Tierra), por lo que se encuentra completamente oxidado.

Así pues, lo discutido arriba explica por qué, a pesar de que el silicio posee propiedades similares a las del carbono, no podrá ser el átomo fundamental en procesos vitales basados en moléculas formadas principalmente por él y otros elementos. En presencia del mucho más abundante oxígeno, el silicio es "secuestrado" por aquel y no puede intervenir en otros procesos químicos, mucho menos procesos químicos de la complejidad de los encontrados en la vida. Sin embargo, el carbono, más pequeño y más promiscuo, no puede ser secuestrado por el oxígeno, y sí puede formar moléculas diversas que, de hecho, han originado la vida.

Sin embargo, a pesar de lo anterior, en toda justicia química, sí existe una manera posible que puede liberar al silicio del secuestro al que le somete el oxígeno. Esta posibilidad la ofrece el hidrógeno. El oxígeno se une al hidrógeno un poquito más fuertemente que al silicio, para formar agua. Esto querría decir que si un planeta retuviera suficiente cantidad de hidrógeno, todo el oxígeno podría estar preferentemente formando agua, en lugar de estar formando silicatos. Esto dejaría al silicio libre para formar cadenas largas, como las del carbono. Mejor aún, la afinidad con la que, en ausencia de oxígeno, el silicio se uniría al carbono, al nitrógeno, o al hidrógeno, los elementos más abundantes a los que podría unirse, es similar. Esto significa que, como en el caso del carbono, los enlaces del silicio con esos elementos podrían formarse y destruirse con relativa facilidad, lo que posibilitaría la conversión de unas moléculas en otras necesaria para la simbiosis molecular propia de la vida. Así pues, podríamos quizá imaginar vida basada en el silicio, siempre que el hidrógeno, más abundante que el oxígeno, esté secuestrado a este elemento de manera que deje al silicio libre para combinarse con otros elementos.

No obstante esto plantea, de todas formas, un serio problema, incluso si este hipotético planeta se encuentra a la distancia óptima de su estrella como para que la vida pueda desarrollarse. El problema es que las moléculas formadas por cadenas de silicio y de hidrógeno, similares a los hidrocarburos, se descomponen rápidamente en agua, ya que el silicio puede formar hasta cuatro enlaces muy fuertes con el oxígeno, pero este solo forma dos con el hidrógeno, por lo que el equilibrio energético sigue siendo favorable a que el silicio se una con el oxígeno, incluso si este ha sido previamente secuestrado por el hidrógeno. El hidrógeno de ese hipotético planeta podría haber secuestrado todo el oxígeno para formar agua, pero esto supondría que el agua sería abundante. En estas condiciones, la vida basada en la química del silicio solo se podría formar en lugares del planeta exentos de agua, y claro está, de oxígeno, lo que probablemente impediría a los organismos vivos alcanzar la superficie del planeta, ya que el agua se acumularía probablemente sobre ella, bien en grandes océanos, bien en forma de vapor de agua en su atmósfera. En estas condiciones, sería aún más difícil imaginar cómo esos organismos vivos podrían evolucionar para generar una civilización tecnológicamente avanzada.

Lo anterior significa que mientras el agua es necesaria para mantener vida basada en el carbono, debería estar ausente en el caso de una vida basada en el silicio. Esto es improbable, dada la abundancia de oxígeno e hidrógeno en el universo, el primer y tercer elemento en orden de abundancia, respectivamente, como hemos dicho.

Entropía

El agua nos conduce río abajo a discutir otra condición absolutamente imprescindible para que la vida se desarrolle. Esta condición es que la vida necesita un medio molecular que pueda desordenarse, lo que permite, a su vez, que las moléculas que hacen posible la vida se ordenen formando sistemas complejos. Es decir, además de la formación de moléculas complejas, de moléculas formadas por muchos y diversos elementos, es necesario un medio en el que esas moléculas puedan colaborar unas con otras y puedan organizarse. Sin ese medio, la vida es imposible.

Y es que existe un escollo importante para la aparición de sistemas moleculares organizados complejos y, por tanto, para el desarrollo de la vida. Este problema ha sido discutido múltiples veces e incluso, como otros temas científicos difíciles de comprender, se ha utilizado para argumentar en favor de una intervención sobrenatural para explicar la existencia de la vida. Este problema se llama la segunda ley de la termodinámica.

Esta ley general, demostrada en todos los sistemas estudiados, también en los sistemas vivos, deriva de un comportamiento universal de los sistemas físicos y químicos. Este comportamiento es tal que a lo largo de la evolución temporal de estos sistemas, mientras no se encuentren en un estado de equilibrio en el que la evolución se ha detenido, el desorden del universo aumenta. En términos más técnicos se dice que la cantidad denominada *entropía* del universo aumenta.

Por ejemplo, si en dos compartimentos separados por una compuerta introducimos nitrógeno en uno y oxígeno en el otro, el estado inicial es ordenado. Si entonces abrimos la compuerta que separa los compartimentos, los dos gases podrán pasar de un compartimento al otro, y es lo que sucederá. El estado final será una mezcla homogénea de ambos gases, un estado más desordenado que el estado inicial. Esto es lo que sucede en la Naturaleza, cuando podría tal vez suceder que los gases se quedarán cada uno en su compartimento sin mezclarse. Además, el fenómeno contrario, aunque posible en principio, nunca se ha observado, es decir, jamás se ha observado que una mezcla de dos gases se ordene mediante la separación espontánea de las moléculas de uno y otro gas en espacios diferentes del recipiente que los contiene. Así pues, los sistemas físicos y químicos tienden a desordenarse, muchas veces de manera irreversible; es decir, tienden a aumentar la entropía del universo[6].

Esto es muy importante, porque los procesos espontáneos que suceden en la Naturaleza son aquellos en los que la entropía aumenta[7]. Esta es la razón por la que algunos han mantenido que la vida no puede ser un proceso espontáneo en el universo, ya que supone orden y organización. La disminución de la entropía, por tanto del desorden, que muestran los seres vivos se ha utilizado como argumento de la intervención divina y del vitalismo[8]. No obstante, la ciencia comprende perfectamente hoy que la vida es, de hecho, un proceso espontáneo, puesto que la vida aumenta la entropía del universo, no la disminuye. Veamos cómo.

Resulta que el hecho de que los sistemas químicos y físicos tiendan al desorden no quiere decir que, en algunos casos, el orden de átomos o moléculas que forman cualquier sistema material no pueda aumentar. Un ejemplo familiar del aumento del orden lo tenemos en el hielo. Al enfriar el agua por debajo de cero grados, esta se congela; al calentarse, el hielo se derrite. Este proceso es reversible y lo observamos cada vez que dejamos derretir en un gin-tonic los cubitos de hielo que hemos preparado en el congelador. Seguro que sabes de lo que hablo. Pero, por favor, no corras ahora a prepararte un gin-tonic; no es necesario para comprender lo que sigue. Continúa leyendo, que es también divertido y agradable.

Las moléculas de agua en estado líquido están mucho más desordenadas que en estado sólido. Pueden moverse a todas partes en el seno del líquido, chocando unas con otras, uniéndose momentáneamente a algunas, y separándose de ellas el instante siguiente. Son libres, en suma, de moverse por todo ese espacio ocupado por el líquido, sea este el de una gota de agua, o el de todo el océano.

Sin embargo, en el hielo, las moléculas de agua no son libres: se encuentran todas unidas unas con otras formando una red tridimensional. Cada molécula de agua ocupa un lugar determinado y no puede moverse. Es indiscutible que el hielo es una estructura mucho más ordenada que el agua líquida. Pero, si todos los sistemas tienden al desorden, ¿cómo es posible que pueda existir el hielo? Es decir, ¿cómo una vez derretido el hielo, y desordenadas sus moléculas, estas mismas moléculas de agua pueden volver a ordenarse en hielo, si el desorden aumenta siempre?

La solución a esta aparente paradoja reside en que si el desorden debe aumentar, no es necesariamente el desorden del sistema estudiado el que debe hacerlo, sino el desorden global del universo. Esto quiere decir que se pueden ordenar los átomos o moléculas de un sistema físico o químico concreto *siempre que se desordenen en una cantidad mayor los átomos y moléculas exteriores a dicho sistema* (aunque, en ocasiones, basta con que se desordenen en una cantidad igual). Puede, por tanto, suceder un *intercambio de orden y de desorden entre unas partes del universo y otras.* Por esta razón, algunas partes del universo pueden ordenarse a expensas del mayor desorden de otras.

Cuando introducimos, lleno de agua, el molde de los cubitos de hielo en el congelador de nuestro frigorífico, y el agua se congela, el desorden de las moléculas de agua disminuye, pero el desorden de las moléculas de aire y de las paredes del frigorífico de su alrededor aumenta, aunque no lo veamos. ¿Cómo se produce este intercambio de orden por desorden?

Intentaremos responder a esta pregunta. Para congelar el agua hay que enfriarla, y esto supone extraer energía cinética a sus moléculas, es decir, energía de su movimiento. Cuando el agua está líquida, a temperatura ambiente por ejemplo, sus moléculas se mueven a gran velocidad, lo que impide que puedan unirse unas a otras por tiempos prolongados, y que puedan ordenarse. Para que puedan unirse unas a otras, ordenarse, y formar hielo, la velocidad de las moléculas de agua debe disminuir.

Esta disminución de movimiento, o disminución de energía cinética, solo puede conseguirse si las moléculas de agua transfieren esta energía a otras moléculas que posean menos, o si emiten dicha energía en forma de algún tipo de radiación electromagnética, como la radiación infrarroja. La energía no puede desaparecer, siempre se conserva (esto constituye la primera ley de la termodinámica), y la única manera de que un sistema la pierda es que otro sistema exterior la gane. En el caso del agua que se congela, la energía cinética de sus moléculas es, poco a poco, transferida a las moléculas de aire, y del resto del frigorífico, a su alrededor.

La transmisión de esta energía sucede por choques entre las moléculas de la superficie del agua y las moléculas de aire o de las paredes del molde de los cubitos. Las moléculas de agua introducidas en el congelador se encuentran más calientes que el aire a su alrededor. Esto simplemente quiere decir que poseen más energía cinética que las moléculas de aire y se mueven más deprisa que estas. Las moléculas de agua de la superficie, al chocar con las moléculas de aire más frías, es decir, más lentas, les comunican parte de su energía y se enfrían. Muchos millones de choques moleculares se producen cada segundo. En cada uno de ellos las moléculas de agua pierden energía y se enfrían; las del aire, la ganan y se calientan. Las moléculas de agua del interior del líquido, más calientes ahora que las de la superficie, chocan también con estas y pierden a su vez energía, enfriándose, pero calentando a las de la superficie de nuevo, las cuales volverán a chocar con moléculas de aire del congelador, más frías, enfriándose a su vez. Este estado de cosas se repite hasta que todas las moléculas de agua han perdido suficiente energía y la congelación comienza a producirse. Un proceso similar sucede cuando las colisiones ocurren con las moléculas del molde de los cubitos que, a su vez, transfieren la energía adquirida de las moléculas de agua al aire y paredes del congelador, en una cadena de colisiones moleculares.

La congelación puede producirse porque cuanto menor energía posean las moléculas de agua, más posibilidades de ordenarse tienen, ya que se moverán más lentamente y se unirán más fácilmente a las moléculas vecinas (las moléculas de agua pueden unirse unas a otras mediante interacciones electrostáticas). Cuando su energía cinética es suficientemente baja, todas las moléculas se unen unas a otras y quedan fijas en una posición, formando hielo. Al contrario, las moléculas de aire habrán ganado energía cinética a partir de las de agua, y se desordenarán más. No vamos a entrar aquí en el aumento de entropía generado por todo el mecanismo motorizado del frigorífico, necesario para alcanzar las bajas temperaturas de su interior.

Así pues, el aumento del orden de las moléculas de agua al convertirse en hielo se consigue gracias al aumento de desorden de otras moléculas. Exactamente el mismo fenómeno se produce en la formación de sistemas ordenados propios de la vida, como las membranas celulares o cualquier otro orgánulo celular.

Sin embargo, en el caso de la vida tenemos un problema adicional. Este problema es fácil de entender si consideramos las condiciones necesarias para mantener el agua congelada. Si sacamos los cubitos de hielo del congelador para añadirlos al gin-tonic, estos se derretirán y pasarán al estado líquido, perdiendo el orden adquirido. Para que esto no suceda, es necesario mantener el agua a una temperatura por debajo del punto de congelación. Es decir, para mantener el estado ordenado es necesario mantener las condiciones que lo hacen posible. En ausencia de estas condiciones, el orden se pierde.

Esto quiere decir que para mantener el orden y la organización de los sistemas vivos es necesario que ciertas condiciones permanezcan constantes. No es suficiente con ordenar aquí y allá algunas moléculas para formar estructuras ordenadas si luego no pueden mantenerse. Son necesarias, por tanto, ciertas condiciones para que una vez obtenido el orden este no se pierda.

¿Qué moléculas poseen la capacidad de constantemente desordenarse para conferir orden a las moléculas que forman parte de los sistemas vivos? La respuesta es sencilla, y la conoces: las moléculas de agua. Mucho se habla de las propiedades del agua como líquido elemento, disolvente universal, componente mayoritario de los seres vivos en el que se llevan a cabo las reacciones metabólicas y más maravillas del mundo acuático, pero poco se habla de las propiedades del agua como *absorbente de desorden*, como la sustancia que hace posible el mantenimiento del orden de los sistemas vivos. Es hora de hacerle justicia también por esta razón.

Para comprender la que, a mi juicio, es la propiedad más importante del agua, hay que detenerse un poco más en la naturaleza química del agua líquida y explorar cómo funciona este líquido tan maravilloso, explicar qué hace para disolver tantas sustancias y, sobre todo, qué sucede en su seno con algunas de las sustancias que no puede disolver. Aunque hablemos de agua, lo que sigue puede parecerte algo seco, pero te ruego que, ahora sí, con la ayuda de un gin-tonic, si lo deseas, me acompañes de todos modos.

Como seguro sabes, aunque solo bebas vino o cerveza, la molécula de agua está formada por un átomo de oxígeno y dos de hidrógeno. Lo que seguramente te es menos familiar es que los átomos de hidrógeno se colocan en los vértices de un tetraedro, un poco irregular, que posee el átomo de oxígeno en su centro. Un tetraedro es una pirámide cuya base y lados son triángulos equiláteros, pirámide que posee cuatro vértices equivalentes. Pues bien, dos de estos vértices están ocupados por los átomos de hidrógeno, y los otros dos están vacíos. Bueno, vacíos del todo, no: en ellos se colocan cuatro electrones del átomo de oxígeno, dos en cada vértice[9].

Esta estructura de la molécula causa que se produzca un desequilibrio de cargas eléctricas. En los dos vértices donde se colocan los átomos de hidrógeno, puesto que los átomos poseen protones cargados positivamente en sus núcleos, existe un exceso de carga positiva. Pero en los otros dos vértices del tetraedro, donde se colocan los electrones, existe un exceso de carga negativa. Es decir, una parte de la molécula de agua está cargada positivamente, y la otra, negativamente.

Incluso si ya vas por la mitad de tu gin-tonic, recordarás que las cargas eléctricas del mismo signo se repelen, mientras que las de signo opuesto se atraen. Puesto que cada molécula de agua posee una parte positiva y otra negativa, estas partes de dos moléculas de agua diferentes se atraerán entre sí.

La atracción que las moléculas de agua ejercen entre sí es fundamental para entender sus propiedades como líquido. Si las moléculas de agua no se atrajeran, el agua sería un gas a temperatura ambiente. Es lo que sucede con el oxígeno, nitrógeno, o el dióxido de carbono, formados por dos o tres átomos más pesados que el hidrógeno, a pesar de lo cual son gases a temperatura ambiente. No así el agua que, debido a la afinidad entre sus moléculas, forma agregados moleculares con la suficiente masa como para permanecer en estado líquido a temperaturas en las que debería estar en estado gaseoso.

La diferencia de distribución de carga eléctrica que poseen las moléculas de agua es también importantísima para sus propiedades como disolvente universal. Gracias a que sus moléculas pueden establecer interacciones electrostáticas con otros átomos cargados, el agua puede disolver las sustancias llamadas polares, es decir, las que poseen polaridad eléctrica, como sucede con la propia molécula de agua. Por la misma razón, el agua puede disolver muchas sales, ya que estas están formadas por átomos cargados.

Pero lo más importante es que las interacciones electrostáticas que pueden establecer las moléculas de agua entre sí son una fenomenal fuente de orden, orden que puede ser transferido a algunas moléculas inmersas en agua. Para entender esto mejor, vamos a analizar lo que sucede en el agua líquida pura. En este medio, las moléculas de agua interaccionan electrostáticamente entre sí. Se forman uniones temporales entre el vértice de una molécula de agua ocupado por un átomo de hidrógeno, que posee un exceso de carga positiva, con el vértice de otra molécula de agua ocupado por los electrones del oxígeno, que posee un exceso de carga negativa. Estas interacciones, que se denominan *puentes de hidrógeno*, no se limitan a dos moléculas, sino que muchas moléculas de agua pueden interaccionar, utilizando los cuatro vértices del tetraedro donde se encuentran las cargas. Se forman así cadenas y racimos moleculares de miles o de millones de moléculas de agua. Pero estos racimos no son estáticos. Una vez formados, se deshacen rápidamente para formar otros. Las moléculas de agua en estado líquido, aunque interaccionan unas con otras, son libres de romper esta interacción y de formar otras interacciones con moléculas de agua diferentes.

La libertad de las moléculas de agua para moverse por doquier, uniéndose con otras y separándose al instante siguiente, ocurre en todas las partes del líquido, excepto en su superficie. Las moléculas de agua allí situadas no pueden interaccionar con las del aire. Si pudieran hacerlo, establecerían interacciones con ellas y no estarían obligadas a ordenarse en la superficie. Pero no pueden, porque las moléculas de aire no están cargadas ni son polares. Esta limitación origina que en la superficie del agua las moléculas formen una red bidimensional, con moléculas unidas unas a otras mediante puentes de hidrógeno que, en este caso, no se rompen con tanta facilidad, puesto que solo lo hacen si tras la ruptura pueden formarse otros puentes de hidrógeno. En la superficie del líquido, esto resulta más difícil que en el interior. Por esta razón, la red molecular en la superficie del agua es bastante estable y fuerte. Es capaz de sostener el peso de insectos tan grandes como los zapateros, que no nadan, ni flotan en el agua, sino que literalmente pasean por su superficie.

Esta red molecular que se produce en la superficie del agua supone un límite al desorden posible de las moléculas localizadas allí. En la superficie, las moléculas de agua no tienen más remedio que ordenarse, porque las interacciones intermoleculares dominan sobre el desorden posible, es decir, son más importantes, más potentes, que la tendencia al desorden. Esta característica de las moléculas de agua, de poder interaccionar solo con sustancias polares y, por tanto, de poder estar desordenadas y libres en presencia de estas moléculas, supone también que las moléculas de agua no estarán tan libres si en su seno se introducen moléculas con las que no puedan interaccionar.

Este es el caso también con las moléculas orgánicas, esto es, las formadas por cadenas de carbono y de hidrógeno, como los hidrocarburos y las grasas. Estas moléculas no son polares, es decir, no poseen una distribución asimétrica de cargas eléctricas, por lo que no pueden interaccionar con el agua, salvo si poseen una parte polar, o sea, con carga. No obstante, aunque la posean, su parte no polar continuará sin poder interaccionar con el agua.

La imposibilidad de interacción de las moléculas de agua con moléculas orgánicas no polares crea una situación similar a la que se encuentra en la superficie del agua en contacto con el aire. Recordemos que, en este caso, las moléculas de agua debían ordenarse formando una red bidimensional de moléculas en la superficie. El mismo tipo de ordenamiento molecular se produce alrededor de una molécula orgánica que se introduzca en agua. De hecho, una manera fácil de considerar lo que sucede cuando se introducen moléculas orgánicas en el agua es suponer que se están introduciendo burbujas de aire muy, muy, pequeñas. Ante la imposibilidad de interaccionar con ellas, las moléculas de agua se ordenan a su alrededor, formando una capa de moléculas de agua ordenada que envuelve a la molécula orgánica, como envolvería a una burbuja de aire.

Esto son malas noticias para la entropía del agua, ya que en estas condiciones está obligada a disminuir. Por ejemplo, el mero hecho de añadir una gota de aceite a un vaso de agua resulta en un ordenamiento de las moléculas de agua alrededor de la superficie de la gota de aceite. El número de moléculas de agua así ordenadas depende de la extensión de la superficie de la gota de aceite, que a su vez depende de la cantidad de aceite añadida. En todo caso, no obstante, el número de moléculas ordenadas será el mínimo posible, ya que el desorden tiende a ser el máximo siempre.

Pero, ¿qué tiene todo esto que ver con el orden de los sistemas vivos y con que el agua sea un absorbente de desorden? Para entenderlo, hay que analizar qué sucede con las moléculas de agua cuando en ella se introducen no una, sino dos gotas de aceite idénticas. Evidentemente, las moléculas de agua se verán obligadas a ordenarse alrededor de estas dos gotas de aceite, y el número de las que lo harán dependerá de la superficie de ambas gotas. Existe una ley geométrica que nos dice que *la superficie de los objetos crece de acuerdo al cuadrado de su radio medio, mientras que el volumen lo hace de acuerdo al cubo del mismo.* Esto significa que la superficie crece más despacio que el volumen, lo que podemos comprobar hinchando un globo y midiendo el aumento de su superficie en relación al aire introducido. Así pues, una gota de aceite del doble volumen que otra no posee el doble de superficie, sino algo menos. Esto es muy importante para comprender el comportamiento del agua frente a las moléculas orgánicas con las que no puede interaccionar. En su afán por desordenarse, el sistema agua-aceite tenderá a la máxima entropía, es decir, a conseguir el mayor número de moléculas desordenadas. Este número se conseguirá cuando la superficie de contacto entre aceite y agua sea mínima, y esto se produce cuando las dos gotas de aceite se unen en una sola, lo que tarde o temprano acaba por suceder. De esta manera, aunque su volumen seguirá siendo el doble, la nueva gota de aceite no poseerá el doble de superficie. La superficie total ofrecida al agua habrá disminuido y esto significa que un número de moléculas de agua habrán sido liberadas de la obligación de estar ordenadas alrededor de las dos gotas de aceite. El número de moléculas de agua desordenadas habrá aumentado y, con él, la entropía también. Pero, a cambio de esto, las moléculas de aceite están más ordenadas: antes estaban separadas en dos gotas pero ahora están juntas en solo una. Y una vez juntas no se van a separar. Al igual que no se ha observado que una mezcla de gases se separe espontáneamente, tampoco se ha observado que una gota de aceite, o de otra sustancia orgánica, en el agua se separe en dos gotas espontáneamente. La razón es la misma: la segunda ley de la termodinámica que nos dice que los procesos espontáneos son aquellos en los que el desorden del universo aumenta, o como mínimo, no disminuye.

Podemos ahora entender mejor por qué dos líquidos que no pueden mezclarse, como los que a veces contienen frascos de crecepelo (con dos fases, una acuosa y otra orgánica e hidrófoba, que hay que mezclar agitando antes de aplicarlos al cabello) se vuelven a separar espontáneamente en sus dos fases tras agitarlos y dejarlos reposar un rato. Podría parecer que este proceso, que sucede espontáneamente, es una violación de la segunda ley de la termodinámica, ya que lo que hemos mezclado al agitar y, por tanto, parece más desordenado que antes, al dejarlo reposar parece ordenarse espontáneamente. Sin embargo, esto es solo en apariencia, porque lo que sucede cuando la fase orgánica y la fase acuosa se separan es que las moléculas de agua se desordenan, no que se ordenan.

La razón es que cuando agitamos el frasco de crecepelo y mezclamos las dos fases que contiene, causamos que se formen millones de gotitas de sustancia orgánica que se dispersan en el agua. Estas gotitas de la fase orgánica obligan ahora a las moléculas de agua a ordenarse a su alrededor. La energía empleada en agitar el frasco se utiliza para ordenar las moléculas de agua alrededor de las moléculas no acuosas. Es lógico, porque ordenar algo siempre requiere energía, como bien saben las que tienen un marido. Cuando tras agitarlo dejamos reposar el frasco, las gotitas no acuosas tienden a unirse, como hemos explicado arriba, lo que causa un mayor desorden de las moléculas de agua que estaban ordenadas a su alrededor. Así pues, la separación en dos fases de una mezcla orgánica y acuosa sucede de acuerdo a la segunda ley de la termodinámica, y no de manera opuesta a la misma.

La misma situación ocurre, y aún más fácilmente, si consideramos moléculas orgánicas aisladas. Alrededor de las mismas se establece una envoltura ordenada de moléculas de agua. Pero esta envoltura no impide que dichas moléculas orgánicas sean empujadas aquí y allá en el seno del líquido. Al final es seguro que dos moléculas orgánicas, cada una con su envoltura de moléculas de agua, se encontrarán. En ese momento, la envoltura de moléculas de agua se rompe para formar una envoltura mayor que engloba a las dos moléculas. En este proceso, se liberan moléculas de agua que pueden desordenarse, por lo que la entropía aumenta.

Si se añaden más y más moléculas orgánicas al agua, estás se irán reuniendo de manera ordenada, formando estructuras moleculares diversas (dependiendo de su naturaleza química precisa). Una de ellas es la doble capa lipídica, que forma las membranas de todas las células y que posibilita la organización celular en diferentes compartimentos y orgánulos internos, así como también el funcionamiento del sistema nervioso (por tanto, de la inteligencia), que necesita de potenciales eléctricos entre las dos caras de la membrana lipídica de las neuronas para la comunicación entre ellas.

Así pues, en el seno del agua, las moléculas orgánicas se ordenan en estructuras complejas debido a que el agua se desordena aún más en el proceso y la entropía total aumenta. La cantidad de entropía que aumenta gracias al desorden de las moléculas de agua es mayor que la cantidad de entropía que puede disminuir al ordenarse las moléculas orgánicas, razón por la cual este ordenamiento es espontáneo para las moléculas orgánicas que se encuentran en su seno. Esta capacidad del agua es fundamental para mantener el orden de las estructuras vivas, no solo en lo que respecta a las membranas biológicas, que ya hemos mencionado, sino también en lo que respecta al plegamiento de las proteínas y a la estructura en doble hélice del ADN, quizá la molécula más famosa de la vida.

Como conclusión, podemos decir que en un universo que tiende al máximo desorden, la naturaleza química del agua y la de las moléculas orgánicas que pueden encontrarse en su seno es necesaria para que puedan formarse de manera espontánea los sistemas complejos y ordenados característicos de la vida. En suma, para la vida tan importante es el agua como la no-agua, entendida esta no-agua como moléculas que no pueden interaccionar con ella, y que se ordenan a expensas de su desorden. Como en un dibujo en el que siempre debe existir fondo y forma, papel y no-papel (tinta o pintura), lo mismo sucede en los sistemas vivos: el fondo es el agua, y la forma, las moléculas que en ella pueden evolucionar.

En este sentido, es también fundamental que las moléculas de no-agua se encuentren igualmente en estado líquido. Si las moléculas de no-agua estuvieran en estado sólido a la misma temperatura que el agua es líquida, precipitarían en su seno y no podrían formarse estructuras ordenadas, en particular las membranas biológicas celulares, cuya fluidez es fundamental para permitir el intercambio de materia con el exterior. Esto implica que para que se desarrolle la vida en el entorno acuoso, las moléculas que pueden ordenarse en su seno deben tener unas características físico-químicas tales que permitan que se encuentren en estado líquido. Este requisito limita el tipo de moléculas no solubles en agua que pueden ser ordenadas en su seno para capacitar la aparición de sistemas vivos. Estas moléculas parece que solo pueden ser las formadas por cadenas de carbono, unidos a algunos otros elementos, en particular, oxígeno, nitrógeno e hidrógeno, principalmente.

Tras esta más bien larga digresión podemos ahora volver a analizar si sería posible la vida basada en estructuras moleculares de silicio. Podemos decir ahora que aunque existiera un planeta rico en hidrógeno, que secuestrara al oxígeno y que pudiera teóricamente permitir la formación de moléculas complejas basadas en el silicio, esto no sería suficiente para que surgiera vida. Haría falta que esas moléculas se encontraran con un medio que pudiera absorber entropía. Dicho medio no podría ser el agua, ya que el oxígeno en la misma rompería las moléculas de silanos (cadenas de silicio). Además, sería necesario que el estado del medio y moléculas de la vida que en él se encontraran fuera líquido, único estado físico capaz de absorber desorden molecular de manera rápida y el único que permite el desarrollo de reacciones químicas con una velocidad lo suficientemente elevada como para que puedan formar parte de los procesos vivos. Por lo que se conoce hoy de la química del silicio y de la estabilidad de las moléculas que podrían formarse con él, es imposible que pudieran formarse moléculas tan complejas como las proteínas o el ADN que se mantuvieran disueltas, y en estado líquido, en líquidos improbables, como amoniaco o metano, o quizá ácido sulfhídrico, H_2S, ya que en el agua no es posible, como hemos dicho. Otro problema serio es cómo podrían gestionarse los intercambios de energía propios de la química de la vida con moléculas basadas en el silicio. La oxidación de los compuestos de silicio libera también energía, más aún que la producida en la oxidación de los compuestos de carbono, pero recordemos que el oxígeno debe estar ausente, o secuestrado en forma de agua, para permitir la formación y la estabilidad de moléculas complejas basadas en cadenas de silicio.

Llegados a este punto, podemos preguntarnos si sería posible una vida basada en el carbono pero que utilizara otro líquido como disolvente y absorbente de desorden. La única sustancia que, en mi opinión, merece la pena considerar es el amoniaco[10]. El amoniaco está formado por un átomo de nitrógeno unido a tres átomos de hidrógeno. Las moléculas de amoniaco son estructuralmente similares a las del agua, y pueden también formar puentes de hidrógeno entre ellas. Por esta razón podrían servir también como absorbentes de desorden. Sin embargo, los puentes de hidrógeno que se forman entre las moléculas de amoniaco son más débiles que los formados entre moléculas de agua, por lo que el amoniaco necesita temperaturas más bajas para mantenerse en estado líquido. El amoniaco permanece en estado líquido entre las temperaturas de –77°C y –33°C. A estas temperaturas tan bajas, las moléculas orgánicas lo suficientemente complejas como para formar parte de sistemas vivos se encontrarían en estado sólido. Con más razón aún sucedería lo mismo con moléculas formadas por cadenas de silicio, menos volátiles que las basadas en el carbono. Por consiguiente, si las moléculas de la vida deben estar basadas en el carbono, la vida solo podrá desarrollarse en medio acuoso.

En suma, las dificultades de la vida basada en el carbono y en medio acuoso son suficientemente elevadas como para considerar que una vida basada en el silicio, o una vida que se desarrolle en otro disolvente y absorbente de desorden diferente del agua serían probables. De ser posibles, parece claro que este tipo de vidas hipotéticas serían aún más improbables que la vida basada en el carbono. En apoyo de esta idea está, además, el hecho de que si en el espacio exterior se han detectado cientos de moléculas orgánicas basadas en la química del carbono[11], no se han detectado moléculas similares basadas en el silicio, quizá por las razones explicadas arriba, sobre todo por la necesidad de que el oxígeno se encuentre ausente para que se formen cadenas de silicio. Por otra parte, no estamos hablando aquí solo de vida, sino de que esta evolucione hacia organismos lo suficientemente complejos como para que lleguen a formar una civilización. Dadas las dificultades mencionadas, esto es aún más improbable con una vida basada en la química del silicio, o que se desarrolle en medio no acuoso, incluso si estas fueran posibles. La vida y, sobre todo, las civilizaciones en otros lugares del universo deberán también estar basadas en organismos constituidos por moléculas formadas por cadenas de carbono. Por esta razón, los planetas sobre los que se desarrollen deberán contar con las condiciones de presión y temperatura que permitan la presencia de agua en estado líquido. Estas condiciones reducen de manera drástica el número de planetas en los que la vida podría aparecer y evolucionar hasta la civilización, ya que, entre otras condiciones, deberán situarse a distancias adecuadas de sus estrellas que las hagan posibles. Hablaremos de nuevo de este asunto más adelante, pero ahora debemos hablar de la evolución de la inteligencia en nuestro planeta, la Tierra.

Notas del capítulo 2

1 http://www.ncbi.nlm.nih.gov/pmc/articles/PMC516796/?tool=pubmed. -
http://www.una.edu/faculty/pgdavison/BI 101/Overview Fall 2004.htm -
http://www.ncbi.nlm.nih.gov/pubmed/11312589
2 http://www.galleries.com/minerals/SILICATE/class.htm
3 http://www.worldcat.org/title/supernovae-and-nucleosynthesis-an-investigation-
of-the-history-of-matter-from-the-big-bang-to-the-present/oclc/33162440 -
http://en.wikipedia.org/wiki/Abundance_of_the_chemical_elements -
http://www.chemeurope.com/lexikon/e/Abundance_of_the_chemical_elements/
4 http://www.space.com/supernovas/
5 http://en.wikipedia.org/wiki/Abundances_of_the_elements_(data_page)
6 http://www.entropylaw.com/
7 http://www.statemaster.com/encyclopedia/Spontaneous-process -
http://en.wikipedia.org/wiki/Spontaneous_process
8 http://www.absoluteastronomy.com/topics/Vitalism -
http://en.wikipedia.org/wiki/Vitalism
9 http://www1.lsbu.ac.uk/water/molecule.html -
http://www.chem1.com/acad/sci/aboutwater.html -
http://en.wikipedia.org/wiki/Water_molecule#Hydrogen_bonding
10 http://www.daviddarling.info/encyclopedia/A/ammonialife.html
11 http://hypography.com/news/astronomy/35483.html

Capítulo 3. Inteligencias

Una vez desarrollada la vida sobre un planeta, de nada sirve si esta no evoluciona el tiempo suficiente para dar lugar a la inteligencia, a la que considero absolutamente necesaria para que pueda originarse una civilización tecnológicamente avanzada, capaz de comunicarse con otras. La evolución de la vida hacia la inteligencia no parece un proceso fácil, ya que en nuestro planeta la vida tardó al menos tres mil millones de años desde su origen hasta que aparecieron los primeros organismos a los que se les puede atribuir algún tipo primitivo de inteligencia[1].

Como hicimos en el caso de la vida, antes de hablar de la inteligencia deberíamos definir lo que es. No obstante, en mi opinión, también carecemos de una definición inteligente de la inteligencia. Quizá este déficit se deba a un excesivo énfasis en definir la inteligencia humana, y no la inteligencia en general. En nuestro caso, es más importante definir la inteligencia en general, es decir, incluir aquella que pueda poseer el gusano más simple.

En cualquier caso, se pueden encontrar en la literatura e Internet numerosas definiciones de inteligencia. Una de las más sencillas, encontrada en Wikipedia, es: *la capacidad de aplicar conocimiento para poder desenvolverse mejor en un entorno determinado*[2]. Esta definición implica, en primer lugar, que los organismos inteligentes deben poseer la capacidad de adquirir conocimiento del entorno en el que deben desenvolverse. A su vez, esto nos plantea la dificultad de definir qué es conocimiento, sobre el que existen obras enteras de la filosofía universal, de psicología y de neurociencias.

En lo que a mí respecta, prefiero definir el conocimiento como la capacidad de simular internamente el entorno exterior. Es decir, uno conoce en tanto que conceptualiza objetos y simula con ellos procesos que existen o suceden en la realidad externa del organismo que los "imagina". Por supuesto, la simulación interna de procesos es imposible sin que el organismo inteligente sea capaz de extraer generalizaciones sobre el entorno en el que vive. Esta imaginación y simulación sobre dichas generalizaciones permite adelantarse a las contingencias que el entorno puede presentar y permite a adaptarse y desenvolverse mejor en ese entorno.

Desde el estricto punto de vista de la supervivencia en un entorno, en mi opinión, existen dos tipos de inteligencia principales: 1. La que permite adaptarse mejor a los cambios del entorno. 2. La que permite utilizar el entorno y adaptarlo para provecho propio. Este segundo tipo de inteligencia no permite solo adaptarse mejor al entorno, sino hacer que el entorno se adapte al organismo, e incluso crear entornos nuevos que mejor cubran las necesidades de los organismos que lo han creado. Evidentemente, aunque muchos animales son capaces de realizar modificaciones menores de su entorno (construcción de nidos, túneles, o moradas diversas, por ejemplo), solo una especie es lo suficientemente inteligente como para poseer este segundo tipo de inteligencia completamente desarrollada (o casi), como para gobernar la

Naturaleza obedeciendo y, sobre todo, comprendiendo sus leyes. Esta especie es la nuestra.

Sin embargo, para que la modificación del entorno sea posible, no solo es necesario poseer una gran cantidad de inteligencia; son también necesarias otras capacidades, como la capacidad de actuar sobre el entorno exterior. Esto implica que la capacidad de modificación del entorno depende también de las características anatómicas de los organismos. Sería difícil imaginar una civilización tecnológica surgida de una sociedad de serpientes inteligentes, que solo pudieran seguir arrastrándose por el suelo, sacando de vez en cuando su lengua bífida con la intención de manipular alguna cosa. Afortunadamente, a lo largo de su evolución, nuestra especie ha desarrollado las manos, manos que nuestros ancestros desarrollaron porque les fue necesario o ventajoso para adaptarse al medio arborícola, ya que con ellas podían agarrarse a las ramas de los árboles y tal vez escapar así mejor de algunos predadores. Las manos nos permiten ahora, junto con la inteligencia, modificar nuestro entorno. Aunque nuestra especie no es la única en poseer manos, y muchos animales arborícolas las poseen también, sí es la única en poseer la correcta combinación de inteligencia y de capacidad manipuladora para modificar sustancialmente el entorno, condición necesaria para desarrollar una civilización tecnológica.

La aparición de las manos durante la evolución de los animales terrestres no parece ser particularmente difícil, aunque, en mi opinión, la evolución de manos sofisticadas, como las nuestras, depende primero de la evolución de las plantas terrestres. Solo cuando estas han evolucionado en la historia de la vida hasta un punto, en el que su constitución es lo suficientemente fuerte como para soportar a animales de cierto peso, puede crearse el nicho evolutivo que permitirá el desarrollo de las manos para agarrarse y moverse en el medio arborícola. No obstante, no parece existir una razón particular que dificulte la evolución de las plantas terrestres, una vez aparecidas estas en la historia evolutiva, hacia la adquisición de estructuras grandes y fuertes, como las que son típicas de los árboles, por lo que una vez aparecidos estos, el nicho ecológico para la evolución de los animales arborícolas existirá y conducirá probablemente hacia la evolución de las manos.

Sin embargo, lo que no parece fácil es aparición de las primeras plantas terrestres, necesarias, como digo para, primero, posibilitar la aparición de animales terrestres que puedan desarrollar manos. Además, la dificultad para que aparezca en la historia de la evolución el segundo tipo de inteligencia, el que permite modificar el entorno, es aún mayor. Nos adentraremos a continuación por algunas de las razones que explican por qué no es fácil que aparezca.

En primer lugar, es necesario recordar que una vez aparecidos los primeros organismos vivos, las primeras bacterias, estas reinaron sobre nuestro planeta en soledad por alrededor de dos mil millones de años[3]. Detengámonos aquí un momento, dos mil millones de años se lo merecen. Se calcula que desde la separación del ancestro común del chimpancé y la especie humana solo han transcurrido de cinco a siete millones de años[4], es decir, nuestra propia evolución como especie se ha realizado en solo un 0,0025% del tiempo que las bacterias reinaron solas sobre la Tierra.

Las bacterias y otros procariotas no han desaparecido de nuestro planeta, pero hoy ya no están solas. Están acompañadas de millones de otros organismos, más complejos que ellas. Estos organismos son el resultado de acontecimientos evolutivos acaecidos a las bacterias, de los que finalmente estos organismos derivan... derivamos.

¿Por qué razón las bacterias tardaron dos mil millones de años en evolucionar hacia otros organismos? Nadie lo sabe con seguridad, pero lo que parece cierto es que, si tardaron tanto tiempo, el acontecimiento que dio origen a los organismos más complejos, el que originó a las primeras células eucariotas, con núcleo celular, que permitieron luego la evolución de los animales y las plantas pluricelulares, no fue muy probable. Para entender por qué, pensemos en el tiempo que tendríamos que estar lanzando una moneda para que nos salieran cien caras seguidas. Puesto que este evento es extremadamente improbable, aunque no imposible, tendríamos que estar lanzando una y otra vez la moneda durante mucho tiempo, además sin tener nunca la seguridad de conseguir el objetivo fijado. Sea como fuere, el acontecimiento que permitió la evolución de las bacterias a organismos más complejos finalmente sucedió. Este acontecimiento parece ser, de acuerdo a las últimas investigaciones, la fusión de dos microorganismos de tipos diferentes y complementarios, los cuales entraron en una simbiosis tan próxima que ambos organismos acabaron por fusionarse en uno[5]. Esta fusión dio lugar a las células eucariotas, de las que todos los organismos pluricelulares evolucionaron. Vuelve a aparecer aquí, de nuevo, la simbiosis, la cual es, en mi opinión, el núcleo fundamental de la vida en varios niveles, del molecular hasta el de los organismos propiamente dichos.

Lo anterior es importante para el tema que nos ocupa, porque no parece que pueda surgir civilización alguna sobre ningún planeta de no aparecer con anterioridad organismos pluricelulares complejos, los únicos con la posibilidad de manipular el entorno exterior. Sin duda, una sola célula poco puede hacer para manipular nada. También es importante porque las células eucariotas adquirieron una capacidad muy superior para obtener energía del entorno que las células procariotas, las bacterias, gracias a las mitocondrias y cloroplastos. Esta superior capacidad para obtener energía es fundamental para adquirir y mantener nuevos genes. La razón es que los genes son moléculas de ADN que cuesta mucha energía replicar. Los organismos procariotas no pueden obtener mucha energía del entorno, por lo que tienden a perder todos aquellos genes que no sean estrictamente necesarios para su vida y reproducción. Por esta razón, los procariotas tienen un límite energético para aumentar la complejidad de sus genomas. Sin embargo, las células eucariotas sí pueden permitirse el lujo de mantener y replicar genes adquiridos por diversos medios, incluidos la duplicación génica o la incorporación de genes desde otros organismos[6]. Esta capacidad es muy importante para la evolución, ya que esta puede generar más fácilmente nuevos organismos cuantos más genes tengan los organismos que puedan ser mutados y seleccionados luego por la selección natural.

Quizá por esta razón los organismos pluricelulares están formados exclusivamente por células eucariotas. Solo este tipo de célula más compleja fue capaz de evolucionar y adquirir los genes necesarios que le permitieran colaborar con otras células similares, y sobre todo, adquirir la capacidad denominada diferenciación celular. La diferenciación celular es el proceso por el cual una célula madre es capaz de originar células diferentes y diferenciadas, cada una de las cuales ejerce una función distinta en el organismo. Así, de una misma célula inicial, se originan células distintas que se organizan en órganos con funciones características, como el hígado, intestino, riñones o cerebro. Y bien, esta capacidad de diferenciación celular es propia de las células eucariotas, y sería imposible de no contar estas con una colección extensa de genes. La razón es que las diferencias entre los distintos tipos de células diferenciadas se deben a que es diferente el conjunto de genes que se encuentran funcionando en ellas en un momento dado. En otras palabras, los genes que se encuentran activos en una célula nerviosa no son los mismos que se encuentran funcionando en una célula epitelial, por ejemplo, aunque ambas células poseen idénticos juegos de genes en sus cromosomas.

Pero, de nuevo, hizo falta una gran cantidad de tiempo para que desde las primeras células eucariotas emergieran los primeros organismos multicelulares. Al igual que con la aparición de las primeras células eucariotas a partir de las procariotas, la aparición de organismos multicelulares a partir de las células eucariotas unicelulares fue un proceso improbable. De hecho, tardó entre mil y mil quinientos millones de años desde la aparición de la primera célula eucariota, es decir, sucedió hace solo de unos 630 a 580 millones de años, época de la aparición de la llamada biota de

Ediacara[7], periodo geológico anterior al periodo Cámbrico, que comenzó hace 542 millones de años y en el que se produjo una gran explosión de biodiversidad, llamada la explosión del Cámbrico, en la que aparecieron los primeros cefalópodos[8].

Por fin, tras cerca de 3.500 millones de años desde la aparición de la vida, nos encontramos con organismos multicelulares, los únicos capaces de seguir evolucionando hacia seres inteligentes y con capacidad de manipular el entorno. Pero la evolución de la vida hasta el momento ha sucedido en el océano. Ninguno de estos organismos ha colonizado la tierra firme todavía. Y la colonización de la tierra firme por los organismos vivos parece fundamental para el desarrollo de una inteligencia que permita, a su vez, originar una civilización tecnológica. Es este un punto importante que puede ayudarnos a resolver la paradoja de Fermi. Veamos por qué.

La tierra y la inteligencia

En primer lugar, es importante darse cuenta de que el animal marino más inteligente en la actualidad es un cefalópodo, probablemente, el pulpo[9]. Sí, el pulpo, que está tan rico a la gallega. Pero, me dirás, eso no es cierto. Sin duda los delfines y marsopas, las orcas e, incluso, las ballenas más torpes, son más inteligentes que el pulpo. Y tienes razón. El problema es que esos animales no son estrictamente animales marinos. Son animales que tras pasar una época evolutiva sobre la tierra firme se adaptaron de nuevo a vivir en el agua[10]. Los mamíferos marinos fueron inicialmente mamíferos terrestres por la sencilla razón de que los mamíferos aparecieron sobre la tierra firme[11]. Así pues, no debemos considerar a los delfines y a sus hermanos y primos como animales puramente marinos. Esto nos deja de nuevo con el pulpo como animal marino más inteligente. ¿Qué quiere esto decir?

Y bien, esto quiere decir, en mi opinión, que la clase de inteligencia capaz de desarrollar una civilización tecnológica no puede surgir en el mar. Si el agua es absolutamente necesaria para que surja la vida y, como hemos dicho, necesaria para mantener el orden y complejidad de la vida, la tierra firme es necesaria para la evolución de organismos verdaderamente inteligentes. Esta dicotomía entre agua y no agua, aunque a otro nivel, vuelve a aparecer de nuevo como condición necesaria, si no esta vez para la vida, sí para la emergencia de seres inteligentes capaces de desarrollar una civilización.

¿Qué evidencias poseemos para argumentar esta tesis?

Las primeras plantas sobre la tierra firme datan de hace 475 millones de años. Solo después de esa época pudieron los animales conquistar la tierra firme de manera independiente al medio acuoso, es decir, sin que su alimentación dependiera del mar. Esto sucedió en el periodo Devónico, hace de 410 a 354 millones de años[12]. Como hemos dicho, los organismos complejos aparecieron en el océano hace de 630 a 580 millones de años. Es decir, estos organismos contaron con cerca de 200 millones de años de ventaja sobre los organismos terrestres más primitivos para evolucionar una inteligencia superior; sin embargo, eso no sucedió. No obstante, probablemente los primeros animales con inteligencia, los reptiles, algunos de ellos quizá con una inteligencia tan avanzada como la de nuestros perros, aparecieron sobre la tierra firme hace unos 320 millones de años, es decir, solo 170 millones de años tras la colonización de la tierra firme por las plantas, que fue seguida por la de los animales[13]. Así pues, un elevado nivel de inteligencia apareció sobre la tierra firme en solo la mitad de tiempo del que dispusieron de ventaja los animales marinos para que lo hiciera en el mar antes de conquistar la tierra firme, a pesar de lo cual no evolucionaron una inteligencia superior a la demostrada por el pulpo, ni aún hoy. Esto sugiere que la inteligencia bien desarrollada no aparece ni evoluciona en el océano.

Existen algunas razones de cierto peso para explicar por qué es esto así. La más importante, a mi juicio, es que el medio marino ofrece condiciones mucho más suaves y predecibles para la vida que el medio terrestre. En el océano no se producen, por ejemplo, cambios bruscos de temperatura. No hay tempestades; las estaciones no ejercen su efecto periódico sobre el clima, porque no hay clima. No llueve, ni hay sequías. No hiela, ni tampoco abrasa nunca el sol. En suma, el entorno marino es mucho más constante y predecible que el entorno terrestre. Para sobrevivir, la necesidad de desarrollar mecanismos complejos de simulación y generalización (un sistema nervioso complejo) para adaptarse a dicho entorno es mucho menor que la necesidad de hacerlo en el entorno terrestre. Esta es probablemente la razón principal que explica por qué los animales marinos más inteligentes son, en realidad, terrestres reconvertidos, y también la razón que explica por qué un enorme número de las especies más inteligentes son terrestres, como la nuestra y todas las de nuestros primos los primates, por mencionar solo unas pocas.

Pero el medio acuoso impone, además, ciertas restricciones a los animales que en él habitan. Con la excepción, precisamente, del pulpo y otros cefalópodos, es notoria la ausencia de extremidades en los animales marinos. Estos deben adquirir una forma hidrodinámica, que les permita moverse por el agua de forma económica. La ausencia de extremidades en los animales marinos es tan notoria, que hasta animales que una vez las tuvieron en su periodo terrestre, las han perdido y transformado en aletas al adaptarse de nuevo al mar, como ha sucedido con los cetáceos.

Sin extremidades es prácticamente imposible manipular el entorno en el que vivimos. Pensemos lo que sería de nosotros si no dispusiéramos de nuestras queridas manos. Ser manco de ambos brazos es posiblemente una de las mayores desgracias que, junto a la ceguera, puede sufrir un ser humano. Y, sin embargo, algunos animales son mancos toda su vida, particularmente los marinos.

Es difícil imaginar que una especie de animales mancos, como las serpientes que mencionaba antes, por inteligentes que fueran, pudieran desarrollar una civilización tecnológicamente avanzada, capaz de adaptar su entorno a sus necesidades. Sin embargo, incluso si llegan a existir animales inteligentes sobre la tierra firme, capaces de desarrollar órganos manipuladores, su existencia no conlleva necesariamente que la civilización se desarrolle. Por ejemplo, los dinosaurios dominaron la Tierra por 160 millones de años[14], pero, en ese tiempo, aunque algunos eran bípedos y poseían manos rudimentarias, ninguna especie de dinosaurios llegó a desarrollar una civilización tecnológica, que sepamos. Sin embargo, solo cinco millones de años después de la aparición del ancestro común del chimpancé y seres humanos surgió la civilización. Por consiguiente, debemos concluir que no de todos los planetas con una situación evolutiva similar a la del nuestro surgirán civilizaciones tecnológicamente avanzadas siempre que sea posible que lo hagan. Quizá los dinosaurios no tuvieron la presión de selección de otras especies competidoras más evolucionadas compitiendo con ellos, como sucedió con nuestros ancestros, que favoreciera el desarrollo de una inteligencia superior como herramienta de supervivencia y transmisión de genes. Es decir, quizá la vida deba evolucionar un tiempo mínimo sobre la tierra firme para favorecer el desarrollo de la inteligencia, pero quizá esta evolución nunca llegue a producirse.

Además de las restricciones anatómicas que sufren los animales marinos, existen otras restricciones también importantes que impiden el desarrollo de una civilización tecnológicamente avanzada en el medio marino, y quizá la más importante es que en el agua no puede hacerse fuego. El control del fuego fue sin duda uno de los hitos del desarrollo de la humanidad[15]. Sin fuego y, en general, sin la capacidad de generar energía de una manera relativamente sencilla, las civilizaciones tecnológicas no serían posibles. Esta capacidad para generar energía sucede solo de manera simple en la tierra firme, pero es mucho más difícil bajo el agua. Esto, unido al hecho de que los animales puramente marinos son menos inteligentes que los terrestres, dificultaría enormemente el desarrollo de tecnologías de la energía subacuáticas en otros planetas, si acaso fueran posibles. Si ahora el ser humano es capaz de utilizar artilugios que producen energía o la liberan bajo el agua, es gracias a que el desarrollo tecnológico de dichos artilugios se ha llevado a cabo en tierra firme. En otras palabras, un submarino, o un batiscafo, o cualquier barco o barca, solo son posibles, paradójicamente, porque la tecnología que los posibilita se ha desarrollado sobre la tierra firme. Es una situación similar a la encontrada con la inteligencia de los delfines, marsopas, focas y ballenas, de los que hablábamos antes.

Antes de terminar de discutir este tema, es necesario mencionar que la capacidad para hacer fuego sobre la tierra-firme depende de la presencia de una atmósfera rica en oxígeno. Este gas solo puede acumularse en la atmósfera, que sepamos, como resultado de un proceso propio de la vida, que como clarificamos antes, solo puede ocurrir en medio acuoso, Este proceso es la fotosíntesis[16]. Esto significa que para que pueda aparecer una especie capaz de utilizar una fuente de energía sencilla, como es la combustión, la vida necesita haber "descubierto" la fotosíntesis, y haberla llevado a cabo durante cientos de millones de años para permitir una suficiente acumulación de oxígeno en la atmósfera. Además, los materiales que arden están vivos, o lo han estado antes (madera o combustibles fósiles). La materia inorgánica no arde en condiciones normales. Es decir, la capacidad de generación de energía mediante el fuego depende de manera absoluta de la actividad continuada de los seres vivos en nuestro planeta. No obstante, la presencia de importantes cantidades de oxígeno en la atmósfera terrestre no garantizó la aparición de organismos lo suficientemente inteligentes como para desarrollar una tecnología.

Como resumen a los dos capítulos anteriores y a este, podemos decir que la vida que pueda desarrollarse en un planeta lejano que gire alrededor de una estrella tan lejana como él tendrá que estar basada en el carbono. Además, para que la vida pueda desarrollarse, el planeta deberá contar con agua abundante en estado líquido, lo que limita el rango de distancias a la que dicho planeta puede situarse de su estrella. Pero el planeta no deberá contar con tanta agua que cubra completamente su superficie, ya que entonces será imposible el desarrollo de la vida sobre la tierra firme, lo que parece ser una condición importante para el desarrollo de organismos lo suficientemente inteligentes como para, con el tiempo y la evolución, poder generar y usar energía, poder disponer de extremidades con las que manipular el mundo y finalmente desarrollar una civilización. Vamos a analizar ahora cómo la Luna, nuestro querido satélite que acompaña, en España, a los toros enamorados, ha podido ejercer un papel facilitador fundamental en la conquista de la tierra firme por los organismos vivos.

Notas del capítulo 3

1 http://www.sciencemag.org/cgi/content/summary/300/5626/1691 - http://exploringorigins.org/timeline.html - http://en.wikipedia.org/wiki/Evolutionary_history_of_life

2 http://en.wikipedia.org/wiki/Intelligence

3 http://exploringorigins.org/timeline.html

4 http://www.newscientist.com/movie/becoming-human - http://en.wikipedia.org/wiki/Human_evolution

5 http://www.tolweb.org/Eukaryotes/3

6 Nick Lane. Power, Sex, Suicide: Mitochondria and the Meaning of Life. Oxford University Press, USA (2006).

7 http://cambrian.tripod.com/IntrotoEdiacaran -
http://www.britannica.com/EBchecked/topic/179126/Ediacara-fauna -
http://en.wikipedia.org/wiki/Eukaryotic#Origin_and_evolution

8 http://www.paleo.pan.pl/people/Dzik/Publications/Cephalopoda.pdf -
http://www3.interscience.wiley.com/cgi-bin/bookhome/117345722/ -
http://www.plosone.org/article/info%3Adoi%2F10.1371%2Fjournal.pone.0007262

9 http://discovermagazine.com/2003/oct/feateye -http://www.slate.com/id/2192211/

10 http://www.britannica.com/EBchecked/topic/103892/cetacean -
http://en.wikipedia.org/wiki/Sea_mammals

11 T.S. Kemp. The Origin and Evolution of Mammals. Oxford University Press, USA (2005). ISBN-10: 0198507615. ISBN-13: 978-0198507611 -
http://www.bobpickett.org/evolution_of_mammals.htm -
http://en.wikipedia.org/wiki/Mammals#Evolutionary_history

12 http://www.ucmp.berkeley.edu/devonian/devonian.html

13 http://en.wikipedia.org/wiki/Evolutionary_history_of_life

14 http://www.nhm.ac.uk/jdsml/nature-online/dino-
directory/timeline.dsml?disp=gall&per_id=&sort=Genus

15 http://en.wikipedia.org/wiki/Fire#Human_control

16 http://www.life.illinois.edu/govindjee/paper/gov.html
http://www.estrellamountain.edu/faculty/farabee/BIOBK/BioBookPS.html -
http://biology.clc.uc.edu/Courses/Bio104/photosyn.htm

Capítulo 4. Lunas

Como ya sugerimos antes, uno de los argumentos que se esgrimen a favor de la importancia de nuestro satélite natural, la Luna, sobre la evolución de la vida sobre la Tierra, es su efecto gravitatorio, causante de las mareas. El escritor y científico Isaac Asimov, en su libro "La tragedia de la Luna"[1], publicado en 1973, apuntó que la vida, que surgió en el océano y, por tanto, que se adaptó y evolucionó inicialmente en el medio marino, como es natural, no tenía motivo alguno para colonizar la tierra firme de no haber sido ayudada o forzada a hacerlo; de no haber recibido un "empujoncito" para salir del agua. El "empujoncito" bien se lo pudo dar, a distancia, la Luna, con las mareas que causa.

Como sabemos, las mareas son elevaciones periódicas de la superficie del mar, causadas por la atracción gravitatoria conjunta de la Luna y del Sol. La explicación del fenómeno en términos gravitatorios es relativamente sencilla. La Tierra gira sobre su eje una vez cada 24 horas. Esto causa que a cada momento, una parte de su superficie se encuentre más cerca de la Luna que la parte diametralmente opuesta del planeta. Puesto que la atracción gravitatoria depende de la distancia, la parte de la Tierra más cercana a la Luna recibe un tirón gravitatorio mayor que la parte más alejada. Este tirón consigue que la Tierra se deforme ligeramente, y adquiera una forma más "ahuevada" en dirección hacia la Luna. La deformación de la superficie de la Tierra sucede en todas partes, pero es más intensa en el océano, ya que es líquido y puede deformarse mejor que la corteza terrestre, que es sólida. Puesto que la Tierra gira sobre su eje mucho más rápidamente que la Luna gira alrededor de la Tierra, esta deformación va desplazándose "hacia atrás" en la superficie terrestre a medida que la Tierra gira y va presentando una parte diferente de su superficie a la Luna. Un efecto similar lo ejerce la atracción gravitatoria del Sol, que puede añadirse o restarse a la de la Luna, según sus posiciones relativas respecto de la Tierra. Así, si la Luna, la Tierra y el Sol se encuentran en línea recta, lo que sucede unas dos veces por mes, las atracciones gravitatorias de la Luna y del Sol se suman, y las mareas son mayores. Si, al contrario, la Luna, la Tierra y el Sol se encuentran formando un ángulo recto, las atracciones gravitatorias de la Luna y del Sol se compensan en parte, y las mareas son menores.

Las mareas causan, pues, subidas y bajadas de la superficie del océano y los mares, con picos de subidas y bajadas alrededor de una vez cada seis horas. Además de las posiciones relativas de la Tierra, la Luna y el Sol, la intensidad de las mareas depende de otros factores, como la latitud o las características particulares de cada litoral. En zonas donde este posee, por ejemplo, una suave pendiente, el agua puede invadir extensas superficies de terreno. En zonas donde la pendiente es más abrupta, la invasión de la tierra firme por el mar es menor[2].

Las mareas originan, pues, un nicho ecológico a caballo entre la tierra y el mar. En esta zona viven hoy organismos, tanto animales, como plantas, adaptados a bruscos cambios en el ambiente, producidos por esta subida y bajada periódica de las aguas. En su libro, Isaac Asimov argumentaba que sin las mareas no se hubiera producido un entorno adecuado para estimular la conquista de la tierra firme por los organismos marinos. Sin este entorno intermedio, los organismos vivos no hubieran podido desarrollar piel para protegerlos de la desecación, extremidades para moverse, y en suma, mecanismos y procesos fisiológicos para sobrevivir fuera del medio acuoso. Sin las mareas, argumentaba Asimov bastante convincentemente, los organismos multicelulares de una cierta complejidad no hubieran salido del océano, al menos no lo hubieran hecho tan rápidamente, y, añado yo, la evolución de seres inteligentes no hubiera sucedido, puesto que, como hemos ya explicado, la inteligencia bien desarrollada surge probablemente solo durante la evolución de los seres terrestres.

Sin embargo, esto es mucho decir. Es posible que por otros motivos, la vida hubiera podido colonizar la tierra firme de todas formas. Las mareas, para empezar, no son solo causadas por la Luna, sino también, como hemos dicho, por el Sol. Además, es incluso posible pensar que, aún sin marea alguna, ciertos organismos de la costa hubieran podido ser impulsados a colonizar la tierra firme por otras causas, como escapar de un predador marino, por ejemplo, o simplemente beneficiarse de un mayor flujo de luz solar para llevar a cabo la fotosíntesis, ya que el agua apantalla la radiación solar. Aquellos animales o plantas capaces de adentrarse en la tierra firme por un corto tiempo hubieran podido quizá sobrevivir mejor por este motivo. En suma, la Luna no es estrictamente necesaria para que la vida colonice la tierra firme. No obstante, es indudable que su efecto gravitatorio, causante de mayores mareas, ha podido acelerar significativamente este proceso. Es decir, un planeta con Luna, que cuente, además, con los factores necesarios para que surja y evolucione la vida, puede poseer mayores probabilidades de desarrollar seres inteligentes sobre la tierra firme, capaces de crear civilizaciones mucho antes que otros planetas de similares condiciones, pero que carezcan de Luna.

Para entender esto mejor conviene detenernos un momento para explicar lo que yo defino como un "espacio-tiempo evolutivo". Este concepto no debe confundirse con el utilizado en teoría evolutiva, denominado paisaje adaptativo[3]. Un espacio-tiempo evolutivo dado estaría definido por unas condiciones del entorno tales que, siendo compatibles con la vida, cambiarían en el tiempo de manera que *favorecerían la evolución de los organismos en una determinada dirección*. Es decir, un espacio-tiempo evolutivo no lo constituye cualquier conjunto de condiciones estáticas del entorno, sino un conjunto de condiciones que evolucionan poco a poco, o cambian periódicamente, de manera que permiten, a su vez, la evolución de los organismos en una dirección determinada.

Vamos a ver si podemos aclararlo con un ejemplo. Si un grupo de investigadores deseara generar una nueva raza de moscas de laboratorio más resistente a la sequía, o adaptada al desierto, lo que no haría sería colocar a una población de moscas en un entorno completamente seco, sin agua en absoluto, dejar que evolucionaran y se adaptaran a él y seleccionar a los supervivientes: no habría ninguno. Sin agua en absoluto, todas las moscas de la población inicial morirían. Por consiguiente, lo que habría que hacer es colocar a la población inicial de moscas en un entorno con una ligeramente menor disponibilidad de agua. Esta menor disponibilidad de agua, que debe ser compatible con que las moscas sigan vivas, crearía una "presión de selección", es decir, permitiría que aquellas moscas que por casualidad fueran más resistentes a la escasez de agua se reprodujeran mejor que las menos resistentes y, por tanto, que transmitieran con mayor probabilidad sus genes a la siguiente generación. Tras esta primera selección, los investigadores disminuirían un poco más aún la disponibilidad de agua, para seleccionar así a moscas todavía más resistentes a su carencia. De este modo, generación de moscas tras generación de moscas, disminuyendo poco a poco la disponibilidad de agua, se irían seleccionando aquellos individuos cuyos genes les permitieran sobrevivir mejor en el desierto. Evidentemente, con esta estrategia evolutiva solo podemos llegar hasta un límite en la modificación de las condiciones artificiales del entorno, límite que, en este caso, sería alcanzar la menor cantidad de agua compatible con la vida de las moscas. Por debajo de esa cantidad, no habría evolución posible, porque no habría vida. Se habría alcanzado lo que se llama una crisis ecológica, conducente a la extinción. Es decir, la vida solo puede evolucionar dentro de un conjunto de condiciones de temperatura, humedad, etc., que son compatibles con su existencia. Pero para favorecer que la vida evolucione en una determinada dirección, estas condiciones deben variar progresiva y constantemente, de manera que su variación sea compatible con la vida de los organismos originales. Puesto que es inevitable que poco a poco se produzcan mutaciones, sus genes variarán, lo que permitirá así la selección natural de los mutantes capaces de reproducirse mejor en las nuevas condiciones.

La idea de la variación constante y en una determinada dirección es importante. Evidentemente, los científicos anteriormente mencionados no podrán seleccionar una raza de moscas resistentes a condiciones más secas si a cada generación varían aleatoriamente la cantidad de agua disponible para las moscas y unas veces estas disponen de menos agua, pero otras veces, disponen de más. Esta variación aleatoria de las condiciones sucede cada año en la Naturaleza, con estaciones más secas o más lluviosas, más frías o más calurosas. Los espacio-tiempos evolutivos naturales suelen variar de manera no claramente dirigida, es decir, sin una determinada tendencia. No obstante, si las condiciones cambian de manera paulatina, se producirán adaptaciones progresivas en los organismos que quizá les permitan vivir en un nicho en el que antes no era posible. Así por ejemplo, las glaciaciones pudieron ayudar a la aparición de especies adaptadas a sobrevivir en climas polares, como el zorro y el oso polares. Quizá, de no haberse producido estas glaciaciones, los ancestros de estos animales no habrían sido seleccionados para sobrevivir mejor en climas fríos y no existirían los osos y zorros polares actuales, aunque existieran las zonas árticas. De hecho, los osos polares parecen haber derivado de los osos pardos, hace tan solo unos 200.000 años, a partir de una población de estos que quedó aislada debido a un periodo glacial en el Pleistoceno[4].

Y bien, la Luna, con sus mareas, ha creado un espacio-tiempo evolutivo que ha acelerado la evolución de los animales y plantas hacia variedades capaces de vivir fuera del océano. Cuando las plantas marinas multicelulares habían ya colonizado las costas de los mares y océanos, hace por lo menos 490 millones de años, las mareas de aquellos tiempos creaban un entorno en el que el agua marina inundaba y luego desaparecía de algunas zonas costeras por un periodo corto de tiempo, posiblemente insuficiente, en muchos casos, para matar a la mayoría de las plantas marinas que pudieran haber empezado a crecer en las zonas de marea. No obstante, ese periodo de ausencia de agua marina creaba una "presión de selección" que favorecía la supervivencia de los organismos más resistentes a la falta de agua. Pero, además, y esto es muy importante, no todas las partes de las zonas de marea, es decir, las zonas periódicamente inundadas por el agua marina, se encuentran sumergidas un idéntico tiempo. Las zonas más próximas al mar se ven inicialmente inundadas pronto por la marea y continúan inundadas la práctica totalidad del periodo de duración de la misma. Pero las zonas de marea más alejadas de la costa son inundadas solo por un breve periodo de tiempo, justo en el momento de la pleamar. A partir de este momento, la marea baja y el agua marina desaparece de esos puntos. Es decir, desde el mar hasta el punto de marea alta, se crea un gradiente de zonas en las que el agua marina está presente o ausente cantidades de tiempo progresivamente mayores. Las zonas próximas al mar están sumergidas, o húmedas, mucho tiempo, pero las zonas más alejadas del mar están sumergidas o húmedas poco tiempo. Entre estos dos puntos, dependiendo de su distancia al mar, la zona de marea se encuentra sumergida o no por periodos de tiempo continuamente crecientes o decrecientes, dependiendo del punto de vista.

Es fácil darse cuenta de que las mareas crean así un espacio-tiempo evolutivo continuo y homogéneo, que pudo dirigir la evolución de los organismos multicelulares hacia su adaptación a la vida en la tierra firme. Podemos imaginar, y esto es solo mi suposición en este punto, que inicialmente algunas algas, llevadas por las olas de una tempestad, se establecieron en una zona fuera del mar, pero cercana al mismo; humedecida solo por las grandes olas y por las mareas. Al estar cercana al mar, esta zona estaba sumergida mucho tiempo por las mareas, aunque por cortos periodos se encontraba al aire. En estas condiciones, aquellas algas capaces de resistir este corto periodo fuera del agua, sobrevivieron.

Las algas que sobrevivieron se convirtieron tal vez en los ancestros de plantas capaces de establecerse un poco más lejos de la costa, en puntos donde la marea no las mantenía sumergidas tanto tiempo, es decir, en un corto espacio, solo las zonas de marea, gracias principalmente a la Luna (y también, aunque mucho menos, al Sol), se establece un espacio-tiempo evolutivo continuo en el que la distancia al mar determina las condiciones de humedad y sequedad. Este espacio-tiempo evolutivo pudo ser, pues, colonizado por variantes de algas o plantas marinas que se adaptaron a vivir a distancias cada vez más alejadas del mar, de acuerdo a su capacidad de resistencia a la ausencia de agua. Es fácil pensar que cuando las algas se adaptaron a vivir en las áreas más alejadas del mar aún humedecidas por la marea eran capaces de estar sin agua marina un gran periodo de tiempo. Estas algas pudieron dar el último paso evolutivo y comenzar a vivir en la tierra firme, en zonas solo humedecidas por la lluvia. Por supuesto, este proceso duró millones de años. Evidentemente, un proceso similar pudo facilitar que los animales se aventuraran fuera del medio marino y comenzaran a colonizar los continentes.

Así pues, la Luna, causante de intensas mareas, que lo eran aún más, como veremos, hace unos cientos de millones de años, cuando todo este teatro de la evolución de la vida terrestre empezaba a desarrollarse, ha ejercido un papel importante en la generación de un espacio-tiempo evolutivo que ha favorecido la conquista de la tierra firme por la vida marina. Ya hemos dicho que sin esta conquista probablemente no se habrían desarrollado organismos lo suficientemente inteligentes como para desarrollar una civilización tecnológica. Así pues, en otros lugares del universo, en otros planetas incluso idénticos a la Tierra, pero sin Luna, esta conquista de la tierra firme o no se producirá, o lo hará más lentamente que lo que lo ha hecho en nuestro planeta.

Frecuencia de planetas

Podemos preguntarnos ahora: ¿cuál es la frecuencia de planetas similares al nuestro que posean una luna similar a la nuestra? De la respuesta a esta pregunta puede depender el número de planetas sobre los que quizás se originará la vida y, tal vez, esta evolucionará hacia una civilización tecnológica.

Para responder a esta pregunta, debemos comenzar por responder a la cuestión de si son o no comunes sistemas planetarios como el nuestro alrededor de las estrellas. En el momento actual, es algo prematuro responder con cierta seguridad. No obstante, cuando escribo esto (febrero de 2011) se han catalogado 526 planetas en órbita alrededor de otras estrellas, de acuerdo a la información documentada en la enciclopedia de los planetas extrasolares[5]. Este número no está nada mal, y empieza a poder permitir análisis estadísticos de las características de los planetas y los nuevos sistemas solares descubiertos, y comenzar a estimar la probabilidad de que existan planetas terrestres. Además, es de esperar que el telescopio Kepler[6], lanzado en marzo de 2009, continúe proporcionando más información valiosa sobre el porcentaje de estrellas que cuentan con una cohorte de planetas, y sobre qué proporción de esos planetas puede contar con las condiciones necesarias para el desarrollo de la vida. Según los últimos datos de la misión Kepler, hechos públicos en febrero de 2011, planetas similares a la Tierra no son excesivamente abundantes. En los próximos años se habrá estimado con mayor seguridad cuántos planetas similares a la Tierra podrían existir en la galaxia, aunque será mucho más difícil estimar la frecuencia con la que poseen una luna similar a la nuestra.

No obstante, de acuerdo a los datos de los que ya disponemos, se estima que en el universo existen más planetas que estrellas.[7] Son buenas noticias para la vida. No obstante, la mayoría de los planetas descubiertos hasta ahora son gigantes gaseosos, más masivos aún que nuestro planeta Júpiter. Además, a diferencia de lo que sucede en nuestro Sistema Solar, estos planetas masivos giran en una órbita muy cercana a su estrella, ocupando el espacio en el que deberían orbitar los planetas de tipo terrestre[8]. La distribución planetaria de nuestro Sistema Solar, con los planetas rocosos orbitando cerca de la estrella y los gaseosos, lejos, parece ser la excepción, más que la regla. Antaño se razonaba que era lógico esperar una distribución planetaria similar a la nuestra en otros sistemas planetarios. El razonamiento se apoyaba en la suposición de que cerca de la estrella central no se puede formar un núcleo masivo que rivalice con ella para atraer la materia a su alrededor, por lo que los planetas gigantes solo se hubieran podido formar lejos de ella. Esta suposición se ha revelado completamente falsa, ya que se han descubierto planetas más masivos que Júpiter girando alrededor de una estrella a una distancia menor que la de Mercurio al Sol. Sin embargo, es cierto que su formación inicial sucede lejos de la estrella y luego migran hacia ella hasta estabilizar su órbita muy cerca de la misma[9].

Esta característica puede tener su importancia para el desarrollo de la vida en otros sistemas solares. Para que se desarrolle la vida sobre un planeta, este debe encontrarse en lo que se llama la zona habitable[10]. La presencia de planetas gigantes orbitando cerca de la estrella podría causar que, en algunos casos, esto resultara imposible para los pequeños planetas rocosos como la Tierra, probablemente la única clase de planetas capaces de mantener agua líquida en su superficie. Precisamente, la zona habitable alrededor de una estrella es aquella en la que la temperatura resulta adecuada para que exista agua en estado líquido. Ya hemos explicado en el capítulo 2 que es muy difícil que la vida pueda existir sin agua líquida, y sin la complejidad molecular que la química del carbono hace posible. En el caso del Sol, su zona habitable se calcula que se extiende desde 0,95 a 1,37 veces la distancia de la Tierra al Sol, de acuerdo a los modelos más recientes, aunque algunos otros acortan o alargan algo esta distancia[11]. Obviamente, la Tierra se coloca en el valor 1,0, lo que se denomina, en lenguaje técnico, una unidad astronómica, que no es otra cosa que la distancia de la Tierra al Sol.

Se ha especulado con la idea de que la formación de planetas gigantes y su migración a una órbita próxima a la estrella puede facilitar la formación de planetas similares a la

Tierra en la zona habitable. Además, en algunos casos, estos planetas gigantes podrían poseer satélites rocosos, como es el caso de Júpiter o de Saturno, en los que la vida podría desarrollarse. Podría suceder incluso que un planeta gigante, con sus múltiples satélites orbitando en la zona habitable de su estrella, contara con varios de ellos en los que pudiera desarrollarse la vida. No obstante, deberían de ser de un tamaño y masa considerable, superiores por lo menos a Marte, ya que de otra forma no contarían con gravedad suficiente como para mantener el agua líquida en su superficie por atracción gravitatoria. Es lo que sucede con la Luna, la cual a pesar de orbitar en la zona habitable, carece prácticamente de agua y, por tanto, de vida. También sucede con el propio planeta Marte, que se encuentra en el límite exterior de esa zona habitable y que, aunque una vez tuvo agua en su superficie, en la actualidad carece de ella por no ser suficiente la gravedad en su superficie (solo 0,38 veces la de la Tierra) para retenerla.

Es necesario aclarar que el hecho de que la mayoría de los planetas descubiertos hasta la fecha sean de gran tamaño, superior aún al volumen de Júpiter, no es debido a que estos planetas sean más numerosos que los de otro tipo, sino que resulta de la facilidad para detectar planetas grandes y de la dificultad para detectar los pequeños, más similares a la Tierra. De hecho, la mayoría de los científicos planetarios estiman que es más difícil que se formen planetas del tamaño de Júpiter o superiores que lo hagan planetas rocosos de menor tamaño, como la Tierra[12]. Esto quiere decir que por cada estrella con un planeta como Júpiter es razonable esperar uno o más planetas como la Tierra, que también orbiten a su alrededor. De hecho, en nuestro Sistema Solar, contamos, en efecto, con cuatro planetas rocosos (Mercurio, Venus, la Tierra y Marte, si exceptuamos el anillo de asteroides, donde debería situarse otro planeta rocoso si la gravedad de Júpiter no lo hubiera impedido[13]) por cada planeta gaseoso (Júpiter, Saturno, Urano y Neptuno).

A la espera de lo que el telescopio Kepler y otros como COROT, que ya ha descubierto el primer planeta rocoso alrededor de una estrella[14], acaben por revelarnos, podemos suponer, pues, que cada estrella similar a nuestro Sol en la galaxia posee al menos un planeta similar a la Tierra. Se estima que pueden existir hasta cien mil millones de estrellas similares al Sol en la galaxia, por lo que de ser esta suposición correcta, existirían cien mil millones de planetas similares a la Tierra girando a su alrededor. Ante este número de planetas similares a la Tierra uno vuelve a preguntarse con Fermi: ¿por qué no nos han visitado civilizaciones extraterrestres todavía?

La razón pudiera ser que para el desarrollo de una civilización no solo hicieran falta planetas similares al nuestro, sino planetas similares al nuestro con satélites similares a nuestra Luna. ¿Qué frecuencia de lunas similares a la nuestra es de esperar alrededor de planetas similares a la Tierra?

Frecuencia de una luna

Para responder a esta pregunta es necesario conocer cómo se formó la Luna, y cuál es la probabilidad de formación de satélites similares alrededor de planetas como el nuestro. Vamos a pasearnos por las distintas hipótesis propuestas sobre el origen de la Luna y a analizar, a la luz de lo que hoy conocemos sobre nuestro satélite natural, cuál de las teorías, si hay alguna, es la que más se acercar a la realidad.

Obviamente, las hipótesis científicas sobre el origen de la Luna tuvieron que esperar al nacimiento de la astronomía, y solo después de que Galileo apuntara su telescopio a Júpiter y descubriera que ese planeta cuenta también con satélites, los astrónomos comenzaron a pensar sobre el origen de la Luna. No obstante, el primero en proponer una hipótesis sobre el origen de la Luna no es considerado precisamente un astrónomo, sino un filósofo y matemático, y uno de los más influyentes: René Descartes. Descartes, mientras pensaba que pensaba, luego existía, pensó también la idea de que la Luna fue capturada desde el exterior por la gravedad de la Tierra y se colocó en órbita a su alrededor. Esta idea se ha bautizado como la hipótesis de la captura. En vista de los problemas que tuvo Galileo con la Iglesia, Descartes, fino pensador sobre la existencia, y también sobre la supervivencia, no publicó su hipótesis mientras vivía, lo que si quizá no le garantizó una existencia más larga, sí que lo hizo más tranquila. La hipótesis de Descartes apareció publicada en 1664, catorce años tras su muerte[15]. Vamos, que estaba ya bien muerto. Una versión moderna de esta hipótesis tuvo que esperar nada menos que a 1909, año en que el astrónomo Thomas Jefferson Jackson See[16], de nacionalidad estadounidense, propuso que la Luna fue originalmente un planeta que orbitaba alrededor del Sol, cuya órbita derivó hasta ser capturado por la Tierra.

La segunda hipótesis sobre el origen de la Luna fue propuesta en 1878 por nada menos que George Howard Darwin, hijo del famoso Charles Darwin, uno de los padres de la teoría de la Evolución de las especies. Este hijo de Darwin propuso que antaño la Tierra giraba tan rápidamente y estaba tan ahuevada por esa razón que, ayudada por la gravedad del Sol, perdió un gran trozo de su superficie, el cual se convirtió en la Luna. Cuatro años más tarde, esta hipótesis se reforzó con otra, propuesta por el geólogo Osmond Fisher[17]: el océano Pacífico era la cicatriz que quedaba de la pérdida de la Luna, evidencia clara, según él, de que la hipótesis de Darwin era cierta[18]. Esta hipótesis recibió el nombre de hipótesis de la fisión.

La tercera hipótesis sobre el origen de la Luna mantiene que esta se formó al mismo tiempo que la Tierra, por acreción de las partículas que giraban inicialmente alrededor de la masa central del disco de materia que iría dando lugar al Sol y a los planetas. Esta hipótesis fue defendida por el astrónomo Edouard Roche[19], entre otros, y se denominó la hipótesis de la coacreción, o de la coformación.

La cuarta y última hipótesis sobre el origen de la Luna es la hipótesis de la colisión. Esta hipótesis, propuesta por Reginald Aldworth Daly, de la universidad de Harvard, en los años 40 del pasado siglo[20], mantiene que en los inicios del Sistema Solar, alrededor de solo 40 millones de años después de que se pudiera dar por terminada la formación inicial de la Tierra[21], un planetoide de una masa elevada colisionó con ella. Como resultado de esta gigantesca colisión, parte de la materia de la Tierra y del planetoide fue expulsada al espacio exterior, donde entró en órbita alrededor de la Tierra. En solo unos 100 años, esta materia se habría reunido por gravedad y formado la Luna[22].

¿Cuál de estas hipótesis es la correcta, si acaso alguna lo es? Para averiguarlo, ha sido necesario llevar a cabo un proceso científico largo, probablemente imposible sin la misión Apolo y las misiones rusas a la Luna, entre todas las cuales lograron traer a la Tierra cerca de 400 kilogramos de rocas lunares para su análisis. Vamos a ir desgranando brevemente este proceso, porque además de aprender más sobre la Luna, nos va a permitir ver cómo funciona la ciencia y cómo avanza el conocimiento de la humanidad.

¿Cómo es nuestra Luna?

Para empezar, vamos a darnos una vuelta por las características de la Luna que los estudios astronómicos y geoquímicos, entre otros, han revelado. Cualquier hipótesis que pretenda explicar su origen debe necesariamente ser compatible con estas características. Por ejemplo, si se encuentra que la Luna y la Tierra poseen exactamente la misma composición química, la hipótesis de la captura sería dudosa, ya que es improbable que dos cuerpos formados en partes diferentes del Sistema Solar tengan una idéntica composición química. Esto es solo un ejemplo de cómo se puede ir avanzando en reforzar o refutar una hipótesis determinada. Vamos a ver, pues, qué particularidades posee la Luna y cuáles de ellas refuerzan o refutan las hipótesis anteriores.

Resulta que la Luna es un satélite bastante extraño, comparado con otros satélites del Sistema Solar. La primera rareza de la Luna es que su núcleo de hierro es muy pequeño. Esto es extremadamente raro, ya que el hierro es un elemento que se forma abundantemente en las estrellas supernovas, una de las cuales explotó y permitió la formación del Sistema Solar, como hemos explicado. De hecho, el hierro es el sexto elemento químico en abundancia en el universo, y también el sexto en abundancia en el Sistema Solar[23], es decir, más abundante aún que el silicio, el cual, recordemos, es el octavo[24]. A esto hay que añadir que la composición química de las rocas lunares es muy similar a la de la Tierra. En particular, el análisis de la proporción de isótopos de átomos de oxígeno indica que esta es idéntica en las dos, por lo que la materia que forma la Luna tuvo que provenir del mismo origen que la que forma la Tierra, es decir, de la misma supernova que dio origen al Sistema Solar. Pero no solo eso: la composición isotópica (particularmente de oxígeno y xenón) indica que la Luna y la Tierra tuvieron que formarse en la misma región del Sistema Solar, ya que diferentes regiones del mismo no mantienen la misma composición química e isotópica que la que se encuentra en la Tierra, como ha demostrado el análisis de meteoritos y asteroides caídos sobre nuestro planeta[25]. Todo lo anterior significa que la Luna debería poseer un núcleo de hierro proporcionalmente similar en tamaño al de la Tierra, por lo que la pobreza en hierro de la Luna es aún más misteriosa. El hierro, al ser muy abundante y denso, acaba en el centro de los planetas y satélites rocosos durante su formación por efecto gravitatorio. No obstante, aunque la Tierra posee un núcleo de hierro que supone el 30% de su masa, el de la Luna solo suma el 3% de la suya[26]. De hecho, si se calcula la relación entre hierro y silicio en la Luna, esta es la menor de todo el Sistema Solar, es decir, la Luna es el cuerpo del Sistema Solar que menos hierro posee en proporción al silicio. Además, también posee menor proporción de elementos pesados menos frecuentes que el hierro. ¿Por qué, si otros indicios sugieren que Tierra y Luna se formaron en la misma región del Sistema Solar? Sin embargo, una diferencia interesante entre las rocas de origen volcánico de la Tierra y la Luna es que las de esta última carecen de agua. En general, la Luna posee menos elementos ligeros en el manto superior que la Tierra[27]. No debería ser así para dos cuerpos que se formaron en la misma región del Sistema Solar y al mismo tiempo. ¿Cómo puede resolverse este dilema? Adelanto ya que no puede explicarse por las diferencias de atracción gravitatoria que ejercen Luna y Tierra, ya que el satélite de Júpiter, Io (pronunciado i-o), de tamaño similar a la Luna, sí posee elementos ligeros en mayor proporción. Es evidente que cualquier hipótesis sobre el origen de la Luna debe poder explicar esta discrepancia.

Para añadir más misterio a lo anterior, los análisis realizados a las muestras de rocas lunares indican que la Luna en su origen estuvo fundida en magma completamente, aunque no se dispone de evidencia definitiva para apoyar que la Tierra una vez también lo estuvo en un grado similar[28]. Sin embargo, de nuevo, el análisis isotópico demuestra que ambos cuerpos cuentan con una edad similar, de alrededor de 4.500 millones de años. ¿Por qué precisamente el cuerpo más pequeño y el que más rápidamente puede enfriarse presenta evidencias de que estuvo fundido completamente y el más grande de los dos, quizá no lo estuvo del todo?

Más misterioso aún resulta el hecho de que el análisis de la intensidad del campo magnético de la Luna y su variación con el tiempo, que se refleja en algunas características de las rocas lunares, indica que el núcleo de hierro de la Luna se formó millones de años después que el de la Tierra[29]. Además, otros datos indican que los mantos de la Tierra y Luna son algo más jóvenes que el núcleo de hierro. ¿Cómo puede explicarse este hecho?

Otras rarezas, esta vez no solo de la Luna, sino del sistema Tierra-Luna provienen de sus características físicas, a diferencia de las químicas exploradas arriba. En primer lugar debemos considerar el tamaño de la Luna. La Luna es muy grande con relación a la Tierra, lo que causa, precisamente, las mareas. Para hacernos una idea de lo grande que es, baste decir que es el quinto satélite mayor en tamaño de todo el Sistema Solar. El mayor, Ganímedes, orbita alrededor de Júpiter; el segundo, Titán, alrededor de Saturno; el tercero, Calisto, y cuarto, Io (i-o), orbitan, de nuevo, alrededor de Júpiter. Ni siquiera los planetas gigantes Urano o Neptuno poseen satélites que puedan rivalizar en tamaño con la Luna. Además, los demás planetas de tamaño comparable a la Tierra o no poseen satélites, como Mercurio y Venus (los únicos planetas del Sistema Solar sin satélites), o los poseen de un tamaño demasiado pequeño para que ejerzan una influencia gravitatoria significativa sobre su planeta, como Marte, que posee dos satélites muy pequeños, del tamaño de asteroides, llamados Fobos y Deimos, incapaces de ejercer efectos de marea significativos[30]. ¿Por qué la Tierra ha llegado a poseer un satélite tan grande con respecto a su tamaño?

Otra rareza del sistema Tierra-Luna es su elevado momento angular. El momento angular es una propiedad física relacionada con la energía de rotación de los cuerpos. Y bien, la energía de rotación del sistema Tierra-Luna es muy elevada, comparada con la de otros planetas y satélites. Si algo sabemos del universo es que la energía no es gratis y debe provenir de alguna parte. ¿De dónde proviene la energía que ha proporcionado ese elevado momento angular a la Tierra y a la Luna?

Por último, otra de las rarezas del sistema Tierra-Luna es que la Luna posee una órbita inclinada unos 5° respecto al eje de rotación de la Tierra, lo que no sucede en otros planetas y satélites[31]. La Luna gira más cerca de la eclíptica, es decir, el plano en el que giran los planetas alrededor del Sol, que del plano ecuatorial de la Tierra. ¿Cómo ha adquirido la Luna esta inclinación de su órbita? De nuevo, esto requiere un aporte de energía, que tuvo que provenir de alguna parte.

La hipótesis más adecuada

¿Cuál de las hipótesis sobre el origen de la Luna mencionadas arriba explica mejor todas estas características y rarezas: tamaño, composición química, inclinación de la órbita y momento angular? Vamos a ir analizando las ventajas e inconvenientes de cada una de las hipótesis explicadas anteriormente, comenzando por la hipótesis de la captura que propuso Descartes en primer lugar.

La hipótesis de la captura sufre de dos inconvenientes mayores para explicar el origen de la Luna. El primer inconveniente es que, como hemos explicado, el análisis isotópico de las rocas lunares indica que la Luna tuvo que formarse en la misma región del Sistema Solar en la que se formó la Tierra. El segundo problema es que simulaciones por ordenador y los cálculos de la órbita y energía que la vagabunda Luna debería poseer para ser atrapada por la Tierra y, paradójicamente, dejar de ser tan lunática, indican que esta captura solo pudo producirse si se dieron una serie de circunstancias muy extraordinarias. Si la Luna se hubiera aproximado a la Tierra a una velocidad relativa del orden de kilómetros por segundo, como suele suceder con otros cuerpos astronómicos (cometas o asteroides) que pasan por la vecindad de la Tierra, hubiera resultado imposible capturarla para la gravedad de esta, considerando además que, en aquellos lejanísimos tiempos, la Tierra poseía una masa de solo 2/3 de la actual porque era tan joven que estaba aún creciendo. La única manera de que la Luna hubiera podido ser capturada es si se hubiera aproximado a la Tierra con una velocidad relativa muy baja. Pero esto es muy, pero muy, improbable. Así pues, si consideramos las dos dificultades juntas, es decir, la idéntica composición isotópica de Tierra y Luna, y la dificultad de la dinámica de la captura de un cuerpo de las dimensiones de la Luna, tendremos que abandonar esta hipótesis como plausible para explicar por qué la Luna gira alrededor de la Tierra. Es, en efecto, lo que han hecho los científicos que estudian el origen de la Luna. Descartemos, por tanto, esta hipótesis de Descartes como válida y volquemos nuestra atención en otras.

¿Qué sucede, por ejemplo, con la hipótesis de la fisión? Recordemos que esta hipótesis, propuesta por el hijo de Darwin, mantiene que la Luna se desgajó de la Tierra debido a la elevada rotación de esta, ayudada por la fuerza de gravedad del Sol. Esta hipótesis tiene la ventaja de explicar por qué la Luna posee un núcleo de hierro muy pequeño, ya que si se desgajó a partir del manto de la Tierra, cuando la mayoría de su hierro había caído hacia el centro, es de esperar que su contenido en hierro sea mucho más reducido que el de la Tierra. Desgraciadamente, recordemos que las rocas de origen volcánico de la Luna carecen de agua y que, en general, la Luna posee menos elementos químicos ligeros en el manto superior que la Tierra. Esto no debería ser así para un satélite desgajado de su planeta madre.

Otra dificultad mayor de esta hipótesis es que los cálculos modernos demuestran que para que el desgajamiento de la Luna pudiera suceder, la Tierra debía girar un mínimo de una vez cada dos horas y media[32]. Esto se ha demostrado que no sucedió jamás, ni siquiera cuando la Tierra no era sino solo un protoplaneta. Pero, además, recordemos que la Luna sigue una órbita inclinada y no se encuentra en el plano ecuatorial de la Tierra, lo que no debería suceder de ser cierta esta hipótesis. Es aún posible que tras desgajarse de la Tierra y establecerse en órbita ecuatorial, la Luna hubiera migrado paulatinamente en su órbita hasta la órbita actual, pero es necesario invocar mecanismos complicados e improbables para permitir que esto suceda. Como conclusión, esta hipótesis, aunque explica algunas características de la Luna, como su pequeño núcleo de hierro, no explica otras y plantea tantos problemas (más de los que hemos mencionado aquí) que ha sido también abandonada.

Analicemos ahora la hipótesis de la formación al mismo tiempo de la Tierra y la Luna. Esta hipótesis, a la luz de lo que conocemos, podría explicar su similar composición química, pero plantea otros problemas. Para empezar, no puede explicar por qué la órbita de la Luna está inclinada unos cinco grados respecto al plano de la órbita terrestre alrededor del Sol (la llamada eclíptica) y por qué la Luna tampoco gira en el plano ecuatorial de la Tierra. Si la Luna se formó cerca de la Tierra, debería girar en este plano, y si se formó lejos, debería girar en el plano de la eclíptica. Esta hipótesis tampoco puede explicar el elevado momento angular del sistema Tierra-Luna, y tampoco puede explicar por qué la superficie de la Luna estuvo fundida completamente en magma. La formación de planetas y satélites del tamaño de la Tierra y la Luna por acumulación de materia no proporciona tanta energía como para que la temperatura de la superficie suba hasta tal punto. También resulta imposible para esta hipótesis explicar la distinta densidad de la Tierra y la Luna. Si ambas se formaron a partir de la misma nube de materia, la densidad de las dos no debería ser tan distinta como lo es. Por último, otro problema de esta hipótesis es que no explica adecuadamente el gran tamaño de la Luna en relación al de la Tierra, ya que de formarse al mismo tiempo, como ha sucedido con otros satélites y planetas, la Luna debería ser mucho menor. En conclusión, de nuevo esta hipótesis permite explicar algunas cosas, pero es incompatible con muchas de las características del sistema Tierra-Luna. Por esta razón, la hipótesis de la coformación debe ser también abandonada. Esto nos deja solo con la hipótesis de la colisión.

Decía Sherlock Holmes a su querido Dr. Watson en su aventura *El signo de los cuatro*: "¿Cuántas veces le tengo dicho que, una vez eliminado todo lo que es imposible, la verdad reside en lo que queda, por improbable que parezca?" Esto es lo que sucede con la hipótesis de la colisión. Las otras tres hipótesis han sido descartadas por imposibles, no contamos con otra hipótesis alternativa que podamos considerar, por tanto, la que queda, por improbable que parezca, debe ser cierta.

Y la verdad es que tiene que serlo. Además, la hipótesis de la colisión ofrece muchas ventajas y resuelve prácticamente todos los problemas, a pesar de que pueda parecer improbable que la Luna haya resultado de una, por fuerza, formidable colisión que relega a la colisión del meteorito que extinguió a los dinosaurios a una mera anécdota sin importancia en la historia del planeta.

La principal ventaja, a mi juicio, de la hipótesis de la colisión es que deja abiertas todas las posibilidades para considerar las condiciones en que tuvo que suceder la colisión que pudo dar origen a la Luna. Es decir, permite jugar con variables tales como el tamaño del objeto que colisionó con la Tierra, su velocidad, ángulo de colisión, temperatura, etc. Estas variables pueden ser seleccionadas en diversos modelos simulados por ordenador para identificar solo aquellas que sean compatibles con las características actuales del sistema Tierra-Luna. Solo en el caso de que en ningún caso los modelos de colisión plausibles sean compatibles con lo observado deberemos abandonar esta hipótesis, pero ya te adelanto que esto no ha sucedido y que esta hipótesis es la actualmente aceptada por la comunidad científica para explicar el origen de la Luna.

Y es que la hipótesis de la colisión puede explicar prácticamente la totalidad de las observaciones. Puede explicar por qué la Luna no gira en el plano de la eclíptica, ni en el plano ecuatorial de la Tierra, puesto que la colisión dio lugar a un sistema rotatorio diferente de los encontrados en el resto del Sistema Solar. Puede explicar por qué las rocas volcánicas lunares carecen de agua, ya que esta fue perdida debido a las elevadísimas temperaturas que produjo tamaña colisión. Por idéntica razón, puede también explicar por qué la superficie de la Luna estuvo completamente fundida en magma, y de hecho sugiere que la de la Tierra lo estuvo igualmente, a pesar de que no poseamos evidencias definitivas al respecto. Puede también explicar la idéntica composición isotópica del oxígeno entre la Tierra y la Luna, y por qué la Luna posee menos elementos químicos ligeros que la Tierra. Explica también el elevado momento angular, o energía de rotación, de la Tierra y la Luna, que se adquirió a expensas de la energía de la colisión. Por último, si no me olvido de nada, explica también el pequeño núcleo de hierro de la Luna y por qué este se formó después del de la Tierra, ya que la Luna proviene de materia sustraída al manto de la Tierra y del cuerpo que colisionó con ella cuando el hierro ya había migrado hacia sus núcleos. Es cierto que el núcleo del planetoide que colisionó con la Tierra probablemente era también rico en hierro, pero lo que los modelos de la colisión simulados por ordenador sugieren es que este núcleo de hierro se fusionó con el de la Tierra, por lo que el hierro no alimentó en gran cantidad al material puesto en órbita tras la colisión, que luego se agregaría en un único cuerpo planetario: la Luna.

La gran colisión

¿Qué nos dicen los estudios y cálculos modernos sobre cómo sucedió esta colisión y con qué?

Varios años de estudios por numerosos científicos y enormes cálculos por ordenador han sido necesarios para elaborar un modelo de la colisión que dio origen a la Luna. De acuerdo a estos cálculos, se estima que un planeta de tamaño similar a Marte se formó también junto con los demás planetas del Sistema Solar, hace alrededor de 4.500 millones de años, minuto más, minuto menos. Este planeta se ha bautizado con el apropiado nombre de Theia, la diosa griega madre de Selene, la diosa de la Luna. Theia es pues la abuela griega de la Luna. Pero lo más interesante es que este protoplaneta se formó en la misma órbita que la que ya ocupaba la prototierra, sin que por ello la gravedad de la Tierra absorbiera o captara la materia que lo formó. ¿Es esto posible?

Y bien, sí. Y lo es porque cada órbita implica al menos a dos cuerpos que se atraen gravitatoriamente entre sí. Por ejemplo, la órbita de la Tierra alrededor del Sol no solo es el resultado de la atracción que el Sol ejerce sobre la Tierra, sino también el resultado de la atracción que la Tierra ejerce sobre el Sol, aunque esta sea mucho menor. Esto tiene como consecuencia que en cada órbita de cada planeta existan puntos en los que las atracciones gravitatorias del Sol y del planeta se anulen mutuamente, lo que permite a otro cuerpo ocupar esta posición y mantenerse en ella de manera estable (al menos durante un tiempo) en relación a los otros dos cuerpos. Estos puntos son los llamados puntos de Lagrange[33], en honor al matemático francés que descubrió su existencia. En estos puntos de la órbita, un cuerpo de masa inferior a un cierto límite experimenta una fuerza gravitatoria nula mientras se mantenga en él, siguiendo la órbita del planeta mayor. Existen cinco puntos de Lagrange para cada órbita, y dos de ellos se encuentran en la misma trayectoria orbital del planeta, formando un ángulo de 60° con la dirección del Sol. Se cree que Theia se formó en uno de estos puntos[34].

¿Por qué abandonó Theia ese punto de estabilidad orbital? Como ya he dejado entrever antes, un cuerpo puede continuar en un punto de Lagrange mientras no sobrepase una masa límite. Si la supera, su atracción gravitatoria es demasiado intensa, interacciona con los otros cuerpos del sistema orbital y abandona el punto de Lagrange. Por ello, una de las razones que pudieron inducir a Theia a abandonar su órbita es que, en aquella época de formación planetaria, creciera por encima de esa masa límite, lo que causó que interaccionara más fuertemente con la Tierra y abandonara el punto de Lagrange en un curso que acabaría en la colisión con nuestro planeta. Otra posibilidad es que Theia colisionara con otro cuerpo de gran masa y abandonara por ello su órbita. En todo caso, la formación de Theia en la misma órbita de la Tierra implica que el material que lo formó era prácticamente idéntico al que se aglutinó también para formar la Tierra. Esto explica la idéntica composición isotópica entre la Luna y la Tierra, de la que hemos hablado más arriba.

¿De qué manera sucedió la colisión entre Theia y la Tierra para que acabara en la formación de la Luna? Los modelos por ordenador desarrollados por la Dra. Robin Canup[35] nos lo aclaran. Estos modelos[36] indican que para que la colisión diera origen a un satélite como la Luna, no tuvo que suceder una sola colisión, ¡sino dos!

En una primera colisión, Theia chocó con la Tierra en un ángulo oblicuo. Como consecuencia, el núcleo de hierro y níquel de Theia cayó entonces hacia el centro de la Tierra y se fusionó con el núcleo de esta. Lo que quedaba de Theia, principalmente el manto de la corteza, frenado en su progresión por la primera colisión, cayó sobre la Tierra en una segunda y definitiva colisión, que causó la completa destrucción de Theia. Estas dos colisiones sucedieron en solo un día y causaron la liberación al espacio de materia, tanto de la Tierra como de Theia, que luego se agregaría por gravitación y daría origen a la Luna, la cual se formó a una distancia de la Tierra quince veces menor que la distancia a la que se encuentra hoy, es decir, a solo unos 22.000 km de la Tierra. El impacto aumentó considerablemente la velocidad de rotación de la Tierra, es decir, su momento angular. Esto explica el elevado momento angular de la Tierra y de la Luna. El día, en aquellos días, duraba solo cuatro de nuestras horas, pero ha ido creciendo paulatinamente a medida que, por el efecto de las mareas, la Tierra transfiere momento angular a la Luna, que por esa razón todavía sigue alejándose hoy de la Tierra, a la vez que esta continúa incrementando el periodo de rotación sobre su eje[37].

Detengámonos un poco más en las consecuencias de la colisión. La energía de esta gigantesca colisión fue tan enorme que, a pesar de que no tenemos evidencia experimental para confirmarlo, como dijimos, se calcula que el aumento de la temperatura consiguió fundir todas las rocas superficiales de la Tierra y de la materia que formaría la Luna. Se estima que la práctica totalidad de la superficie de la Tierra se transformó en un océano de magma que tardó en enfriarse un millón de años. Hasta que este océano no se enfrió y alcanzó una temperatura lo suficientemente baja como para permitir la existencia de agua líquida, no fue posible que la vida surgiera sobre la Tierra. Así pues, el momento de la colisión entre la Tierra y Theia supone, de hecho, el punto inicial a partir del cual pudo desarrollarse la vida sobre nuestro planeta.

Una consecuencia probablemente importante de la colisión fue la pérdida de agua que fue lanzada al espacio. No sabemos cuánta cantidad de agua se perdió por nuestro planeta, pero algunos científicos calculan que si no se hubiera perdido ninguna, probablemente los continentes no existirían y nuestro planeta Tierra debería, con más razón aún que la que ya tenemos, llamarse planeta Agua.

La pérdida de agua debida a la colisión pudo ser, por tanto, determinante para que los continentes terrestres pudieran existir. Y es que hace de unos 4.100 a 3.900 millones de años, la Tierra y la Luna sufrieron un intenso bombardeo de cuerpos celestes que formaron la mayor parte de los cráteres que pueden observarse sobre la superficie de la Luna. A este bombardeo se le denomina Bombardeo Pesado Tardío[38]. No se sabe con certeza qué tipo de cuerpos intervinieron en el bombardeo, en particular si fueron principalmente asteroides o fueron principalmente cometas. Esto es importante, porque mientras los cometas están formados fundamentalmente por hielo, los asteroides son rocosos o metálicos. Datos publicados en julio de 2009[39] sugieren que el bombardeo fue causado principalmente por cometas, lo que pudo aportar nada menos que 3.400 toneladas de material cometario por metro cuadrado de superficie terrestre, es decir, el agua suficiente como para formar los océanos y mares actuales de nuestro planeta. De ser esto cierto, implicaría que de no haberse perdido agua en la colisión con Theia, la Tierra estaría posiblemente completamente cubierta de este líquido y los continentes no existirían. La colisión que originó la Luna, por tanto, ha podido ejercer un papel crítico en modelar las condiciones de la Tierra y en conseguir que nuestro planeta posea continentes extensos, en lugar de tal vez unas pocas islas dispersas, para que una inteligencia capaz de crear una civilización tecnológica pudiera un día desarrollarse.

Además, el papel de los continentes no se limita solo a proveer una plataforma en la que la vida pudiera desarrollar la inteligencia que condujera, tal vez, al nacimiento de la civilización tecnológica. Su papel ha podido ser también crítico para "fertilizar" los océanos con los metales y minerales necesarios para el desarrollo de formas de vida más complejas. Uno de estos metales es el molibdeno, necesario para la actividad de los enzimas que catalizan la fijación del nitrógeno atmosférico por algunos microorganismos y plantas. La fijación del nitrógeno es fundamental para la síntesis de los aminoácidos componentes de las proteínas. Sin el contacto del molibdeno con el oxígeno y la oxidación de este metal, su disolución en agua es imposible. Sin continentes, los minerales de la corteza terrestre estarían bajo el agua, y la oxidación del molibdeno hubiera sido, cuando menos, mucho más lenta. Esto hubiera hecho muy improbable su paso a los organismos vivos primitivos, lo que hubiera podido hacer también más lenta de lo que ya fue la aparición de formas más complejas de vida, las cuales necesitan la fijación del nitrógeno atmosférico para poder sintetizar suficiente cantidad de proteínas para su desarrollo[40].

Otro efecto del nacimiento de la Luna y de su presencia alrededor de la Tierra es que pudo protegerla de algunas colisiones con cometas o asteroides, posteriores a las sucedidas en el Bombardeo Pesado Tardío, que hubieran podido producir extinciones masivas, o incluso la desaparición de la vida sobre la Tierra. Cualquier extinción masiva que la Luna haya podido evitar podría haber cambiado el curso de la evolución de la vida sobre el planeta, y haber evitado la aparición de una especie como la nuestra o, al menos, haber retrasado su aparición y, por tanto, la aparición de una civilización tecnológicamente avanzada. Probablemente, algunos meteoritos y cometas que hubieran podido colisionar con la Tierra se encontraron antes con la Luna en su camino. Estas colisiones eran más frecuentes durante la juventud del Sistema Solar, precisamente cuando la vida acababa de surgir sobre nuestro planeta y era, probablemente, más frágil y sensible a los efectos de grandes colisiones que hubieran podido causar su completa extinción. Y precisamente durante la juventud del Sistema Solar y de la Tierra, la Luna, debido al modo cómo se formó, se encontraba, como hemos dicho, mucho más próxima a la Tierra. Probablemente, esta cercanía a la Tierra aumentó significativamente su capacidad protectora sobre las colisiones con otros cuerpos astronómicos.

Otra consecuencia importante del nacimiento de la Luna ha sido, y sigue siendo, que su efecto gravitatorio ha disminuido el grado de fluctuación con el tiempo del ángulo del eje de giro de la Tierra sobre sí misma respecto de su plano de rotación alrededor del Sol, es decir, respecto al plano de la eclíptica. Como debemos de saber, el eje de la Tierra se encuentra inclinado 23,44° con respecto al plano de la eclíptica. Debido a esta inclinación, el clima de la Tierra sufre el fenómeno de las estaciones. A medida que el planeta sigue su trayectoria alrededor del Sol, la inclinación de su eje causa que los hemisferios norte y sur de la Tierra se encuentren unas veces "dando la cara" al Sol (sucede en primavera y verano), mientras que otras se encuentran "dándole la espalda" (otoño e invierno). Por esta razón, cuando comienza el verano en el hemisferio norte (eje inclinado 23,44° hacia el Sol), es invierno en el hemisferio sur (eje inclinado 23,44° alejándose del Sol).

El ángulo del eje de giro de la Tierra sobre la eclíptica ejerce una gran influencia sobre la intensidad de las estaciones. Si el eje de la Tierra estuviera inclinado un ángulo más pronunciado, digamos 45°, los veranos serían mucho más calurosos y los inviernos mucho más fríos. Con 45° de inclinación, en verano, sobre España y todos los países situados en una latitud al norte de la misma, durante un periodo más o menos largo, dependiendo de la latitud específica, no se pondría el Sol. Si el Sol no se pone, este sigue calentando la superficie de la Tierra, y la temperatura aumenta. De hecho, en estas condiciones, las temperaturas en verano serían mucho más altas, y alcanzarían los 50°C, 60°C, o más al mediodía, y no bajarían mucho durante las cortas noches. Por el contrario, con un eje inclinado 45°, al inicio del invierno sobre España y los países situados en latitudes al norte no saldría el Sol: tendríamos una noche perpetua. Sin el calentamiento solar, las temperaturas en invierno caerían dramáticamente y los inviernos serían mucho más fríos. Así pues, el grado de inclinación del eje de giro de la Tierra afecta a la dureza de veranos e inviernos y a los extremos de la variación climática entre estas dos estaciones.

Al contrario, si el eje de giro de la Tierra no estuviera inclinado con respecto al plano de la eclíptica, sería siempre primavera (u otoño) en todas partes. El Sol se encontraría sobre el horizonte o debajo de él exactamente doce horas en todas las latitudes a lo largo del año y las temperaturas no fluctuarían como lo hacen ahora con las estaciones, porque no habría estaciones.

Así pues, un eje de giro terrestre inclinado un ángulo diferente del actual cambiaría el clima de la Tierra más o menos pronunciadamente, dependiendo de la diferencia de ángulo de inclinación. Estas variaciones climáticas suceden periódicamente, porque, en realidad, el ángulo de inclinación del eje de giro sobre la eclíptica no es constante, es decir, no es siempre de 23,44°, sino que varía de 22,1° a 24,5° cíclicamente, en un periodo de 41.000 años[41].

Esta variación ha ejercido un efecto importante en las glaciaciones sufridas por la Tierra, y podrá ejercerlo tal vez en glaciaciones futuras. Estas se producen más fácilmente si los veranos no son demasiado calurosos y no consiguen fundir completamente el hielo y la nieve depositada durante el invierno. La nieve y el hielo actúan como reflectores de la energía del Sol e impiden que esta sea absorbida por el planeta. Nieve y hielo actúan aumentando el llamado albedo de la Tierra, es decir, la proporción de la luz del Sol que es reflejada por el planeta[42].

Si un hemisferio de la Tierra no consigue calentarse bien en verano y mantiene todavía hielo y nieve, al llegar de nuevo el invierno se acumula aún más nieve y hielo que será todavía más difícil de derretir el verano siguiente. Poco a poco el hielo se acumula y se puede iniciar una era glacial.

Cuanto menos inclinada esté la Tierra sobre el plano de la eclíptica, menos calurosos son los veranos, ya que el área del planeta inclinada hacia el Sol en verano es menor. Esto quiere decir que cuando el eje de la Tierra se encuentra menos inclinado con respecto a la eclíptica (esos 22,1° de los que hablábamos antes) las glaciaciones serán más probables, y cuando se encuentre más inclinado (hasta los 24,5°), las glaciaciones serán menos probables.

Actualmente, la Tierra se encuentra en la parte del ciclo en la que su ángulo de inclinación va aumentando, es decir, lentamente nos dirigimos hacia veranos más calurosos e inviernos más fríos (sin tener en cuenta otros factores que pueden afectar el clima, como la emisión a la atmósfera de gases de efecto invernadero, causante del calentamiento global). Nos alejamos, pues, del peligro de glaciación.

Pero ¿qué sucedería con el eje de giro de la Tierra si careciera de su satélite, la Luna? Lo que los científicos creen que sucedería, o hubiera sucedido, es que el eje de la Tierra habría variado en su inclinación de manera mucho más importante a lo largo de su historia. Esta variación se hubiera plasmado en cambios climáticos más agudos. El clima de la Tierra hubiera podido ser más extremo, y si esto quizá no hubiera afectado al origen de la vida en los océanos de nuestro planeta, sí hubiera podido afectar a la conquista de la tierra firme por la vida. Donde los efectos de cambios climáticos son más evidentes es en la superficie terrestre, y no en el océano. Esto es así porque el agua posee una elevada capacidad de absorber calor o de liberarlo sin que su temperatura varíe demasiado[43]. En el polo norte, mientras la superficie del casquete polar está obviamente helada, el fondo de océano es líquido y, claro, la temperatura es superior al punto de congelación del agua. El invierno polar afecta de manera mucho más dramática a la superficie terrestre que a mares u océanos, y en verano igualmente la temperatura del agua no aumenta de la misma manera que la del aire.

Lo anterior quiere decir que si el eje de la Tierra fluctuara en su ángulo de manera más importante, los organismos que se hubieran atrevido a salir del agua y aventurarse por la tierra firme se hubieran encontrado con variaciones climáticas más drásticas. De nuevo, si esto quizá no hubiera evitado la conquista de la tierra firme por la vida, probablemente sí la habría retrasado o dificultado, lo que habría podido cambiar el curso de la evolución de la vida sobre la superficie terrestre. Por esa razón también, quizá sin nuestra Luna no estaríamos ahora aquí.

Por último, un factor que ya hemos discutido y que cambió las condiciones en las que la vida se desarrolló sobre la Tierra es el fenómeno de las mareas, que de no existir la Luna y haber sido causadas solo por el Sol, hubieran sido mucho menores sobre la Tierra. Ya hemos discutido arriba la importancia de las mareas para crear nichos ecológicos que facilitaran la conquista de la tierra firme por la vida. Además, debido a la corta distancia de la Tierra a la que se formó la Luna, y a la rápida rotación de la Tierra, las mareas causadas por la Luna fueron inicialmente más intensas y más rápidas que las mareas actuales. Esto ha podido tener su importancia por dos razones. La primera es que la mayor intensidad de las mareas conlleva una mayor cantidad de terreno inundado por las mismas, lo que amplía posiblemente la extensión del nicho ecológico donde la vida ha podido adaptarse al medio terrestre. Esta razón, sin embargo, no es la más importante, porque este amplio nicho ecológico se produjo pronto en la historia de la tierra, cuando probablemente no existían todavía animales pluricelulares capaces de abordar la conquista de la tierra firme. La segunda razón, más interesante, es que, al ser más cortas hace cientos de millones de años, las mareas hacían posible que los organismos sobrevivieran con mayor probabilidad el corto periodo de la marea baja, en el que se encontraban en ausencia de agua. Es decir, cuando la Tierra, gracias al momento angular adquirido en la colisión con Theia, giraba sobre su eje una vez cada cuatro horas, las mareas subían y bajaban cada hora y, además, lo hacían con gran intensidad debido a la cercanía de la Luna. A medida que la Tierra fue girando más despacio, y la Luna se fue alejando, las mareas bajaron en intensidad y su periodo se alargó. No obstante, fueron siempre más intensas y su periodo, más corto que el actual. Incluso se ha especulado que los rápidos ciclos de humedad y sequedad que las mareas causaban tras la formación de la Luna han podido ser importantes para la replicación de las primeras moléculas autorreplicativas que dieron origen a la vida[44]. De ser así, desde luego el origen de la Luna habría ejercido una influencia fundamental para la vida sobre la Tierra.

Además, el corto periodo de nuestras mareas solo es posible debido al aumento de la velocidad de rotación de la Tierra que fue causada por la colisión con Theia. De no haber existido dicha colisión y, por tanto, de no haberse originado la

Luna, la Tierra giraría mucho más lentamente alrededor de sí misma. Esta lenta rotación causaría que el periodo de mareas originado por el Sol, incluso hace miles de millones de años, cuando la vida surgió sobre nuestro planeta, fuera mucho más largo que incluso el que tenemos hoy. En consecuencia, el nicho ecológico en el que las plantas hubieran debido adaptarse a la vida sobre la tierra firme hubiera sido mucho más hostil, ya que los periodos en los que la marea baja hubiera dejado sin cubrir de agua las zonas costeras hubieran sido, tal vez, demasiado largos como para permitir la supervivencia fácil de organismos que hubieran podido aventurarse en dichas zonas. Una subida y bajada rápida de la marea, permitida no solo por la presencia de la Luna, sino también por la rápida rotación de la Tierra alrededor de su eje como resultado de la colisión que formó la Luna, facilitó la adaptación de las plantas marinas a la tierra firme, porque no las dejaba un tiempo excesivo en ausencia de agua. La subida y bajada rápida de mareas no existiría de no haberse producido la colisión con Theia que generó la Luna.

Otro efecto de importancia consecuencia de la colisión con Theia, también relacionado con las mareas, es que la rápida rotación de la Tierra sobre su eje permite una rápida transición entre el día y la noche. Esto permite que la temperatura no suba mucho durante el día, ni baje mucho durante la noche. Si la rotación de la Tierra sobre sí misma fuera tan lenta como la de Venus, que rota sobre sí mismo en 243 días terrestres, la temperatura a "mediodía" o al principio de la "tarde" en la Tierra sería de cientos de grados centígrados y la de "medianoche", menor de cien grados bajo cero. Como comparación, podemos fijarnos en las temperaturas durante el día y la noche de la Luna, que duran cerca de 14 días terrestres cada una. Durante el día lunar la temperatura puede alcanzar 123°C, y durante la noche, 181°C bajo cero[45], muy cerca de la temperatura de licuefacción del oxígeno. Así pues, la diferencia de temperatura entre el amanecer y el mediodía/tarde lunar es de cerca de 280°C. En estas fluctuantes condiciones de temperatura hubiera sido más difícil la evolución de la vida sobre la Tierra, y mucho más difícil, por no decir imposible, la conquista de la tierra firme por la misma. Nuestra civilización, casi con seguridad, no hubiera podido desarrollarse de ser la rotación de la Tierra significativamente más lenta de la que es hoy, gracias a la colisión que la aceleró.

Los efectos anteriores ejercidos por la Luna también limitan el número de planetas sin Luna en los que podrían desarrollarse civilizaciones, si es que esto es posible. Para disponer de mareas intensas y rápidas, un planeta sin Luna debería girar a una corta distancia de su estrella, ya que siendo de origen gravitatorio, la intensidad de las mareas disminuye muy rápidamente en relación directa con el cubo de la distancia a la estrella central. Es decir, duplicar la distancia a la estrella disminuye la fuerza de marea ocho veces. Esto supone que la estrella central no puede ser muy caliente y, por tanto, tampoco muy brillante, o de otra manera el planeta carecerá de agua líquida sobre su superficie, al encontrarse demasiado cerca. Pero, además de esta limitación, tenemos otra aún más importante: por el efecto de marea la gravedad de la estrella tiende a frenar la rotación del planeta sobre sí mismo y a forzar que, poco a poco, este le muestre siempre la misma cara, en un fenómeno similar al que ya ha sucedido con nuestra Luna, que a pesar de su rotación inicial, mostró la misma cara a la Tierra tan solo unos miles de años tras su formación[46]. Esto implica que el supuesto planeta no tendrá tiempo para que la vida evolucione en él, y mucho menos una vida inteligente, antes de que el efecto de marea lo fije en su rotación sobre sí mismo y muestre siempre la misma cara a su estrella. Esto, en efecto, es lo que sucede con el primer planeta rocoso extrasolar, similar a la Tierra, descubierto por la misión COROT[47]. Este planeta gira a solo 2,5 millones de km de su estrella (en comparación, la Tierra gira a una media de 150 millones de km de Sol) y le muestra siempre la misma cara. La temperatura en la cara dirigida hacia su Sol asciende hasta los 3.000°C, mientras que la otra cara solo alcanza temperaturas de -220°C. Evidentemente, en esas condiciones la vida es imposible.

Incluso si un planeta girara más lejos de una débil estrella, pero lo suficientemente cerca como para poseer agua líquida y mareas importantes, esto dejaría un periodo de, a lo máximo, solo unos cientos de millones de años antes de que las mareas dejaran de existir en ese hipotético planeta y los días y noches fueran enormemente largos, con la consiguiente fluctuación de temperatura[48]. Como hemos dicho, este periodo es, probablemente, insuficiente para permitir la evolución de plantas multicelulares que puedan luego colonizar los continentes y permitir la vida animal sobre ellos, la única clase de vida capaz de desarrollar la inteligencia. Probablemente, ese planeta sin luna girando alrededor de una estrella "a media luz" mostraría la misma cara a su Sol y, por tanto, no habría ya mareas cuando las plantas marinas estuvieran lo suficientemente evolucionadas como para atreverse a colonizar la tierra firme, si la hubiese, y no recibirían la ayuda de este espacio-tiempo evolutivo que ha sido generado en nuestro planeta por la Luna. Y esto en el caso de que la poca luz que enviara la estrella "a media luz" permitiera la fotosíntesis, sin la cual la vida multicelular sería probablemente imposible. Y de ser posible la fotosíntesis, las diferencias de temperaturas extremas entre la cara del planeta dirigida hacia la estrella y la cara opuesta solo dejarían una ligera franja entre estas dos caras en la que quizá la temperatura fuera la adecuada para permitir la presencia de agua líquida. Se hace difícil suponer que en esa franja la vida siguiera evolucionando hasta la inteligencia, y mucho menos hasta la civilización.

De acuerdo, pensarás, informado lector o lectora: las anteriores consideraciones no serán pertinentes en el caso de planetas girando alrededor de estrellas más brillantes y, por tanto, más calientes que el Sol. La zona habitable de estas estrellas es mucho más amplia que la del Sol, extendiéndose cientos de millones de kilómetros[49]. Los planetas situados en esta zona habitable podrían desarrollar vida, si contaran con agua líquida en su superficie. Estás en lo cierto. Sin embargo, sería muy difícil, incluso contando con satélites como la Luna que ejercieran un efecto gravitatorio significativo y causaran mareas, que en estos planetas se desarrollara una civilización si para ello le hace falta tanto tiempo como le ha hecho falta a la nuestra (y sin una luna probablemente le costaría aún más tiempo). La razón no es otra que la corta longevidad de las estrellas más brillantes. Cuanto mayores y más calientes, menor es la longevidad de las estrellas[50], lo que puede impedir dar tiempo suficiente para el desarrollo de seres lo suficientemente evolucionados y por consiguiente, para el desarrollo de una civilización. Por esta razón, algunos astrofísicos y astrobiólogos mantienen que solo pueden existir civilizaciones alrededor de estrellas similares al Sol (que solo suponen entre el 5% y el 10% de las estrellas), las cuales disfrutan de una longevidad elevada[51], además de no emitir altas dosis de radiación ultravioleta o rayos X, lo que podría afectar a la estabilidad de las moléculas de la vida, sobre todo una vez esta se aventura a colonizar la tierra firme. En estas condiciones, la influencia de una luna grande alrededor de los planetas puede ser determinante.

Así pues, la colisión que generó la Luna ha permitido una rápida transición entre el día y la noche, lo que evita temperaturas extremas en la superficie de la Tierra y permite mareas de periodo rápido, que han facilitado la adaptación de las plantas y los animales a la tierra firme. Además, ha permitido que existan mareas rápidas y de intensidad considerable en el periodo en el que las plantas multicelulares comenzaron a existir, cerca de tres mil millones de años tras el origen de la vida sobre nuestro planeta, una época en la que, de no haber sucedido la colisión con Theia que generó la Luna, probablemente la Tierra ya ofrecería la misma cara al Sol o, en caso de que no lo hiciera, no poseería un periodo de rotación sobre sí misma lo suficientemente corto, y solo podría mantener mareas solares de periodos muy largos, desfavorables para acelerar la evolución de las plantas hacia la conquista de la tierra firme y, con ello, el desarrollo de la inteligencia y de las manos que posibilitan la civilización. Por otra parte, la rápida rotación de la Tierra sobre sí misma, resultado de la colisión con Theia, hace posible que la diferencia de temperatura entre el día y la noche terrestres sea mucho menor de lo que sería de ser la Tierra un planeta de rotación más lenta. Esta mayor homogeneidad de la temperatura planetaria es muy favorable al desarrollo y evolución de la vida en toda su superficie. Definitivamente, sin Luna las probabilidades de estar ahora aquí hablando de esto hubieran sido mucho menores.

¿Son frecuentes las colisiones?

Así pues, el nacimiento de la Luna gracias a una gigantesca colisión con el protoplaneta Theia ha tenido profundas consecuencias para la historia de la Tierra. Ahora que hemos determinado que el origen de la Luna parece ser una gigantesca colisión podemos intentar estimar la respuesta a la pregunta que dio origen a este paseo por la selenología: ¿cuál es la frecuencia de satélites similares a la Luna alrededor de planetas como la Tierra que puedan existir en el universo? Espero que, a estas alturas, aceptes ya la idea de que, según sea esta frecuencia, puede ser mayor o menor la frecuencia de civilizaciones tecnológicas sobre otros planetas que nos acompañen. Por esta razón, esta pregunta tiene su relevancia.

Los científicos saben hoy que la frecuencia de las colisiones de asteroides, meteoritos o cometas con la Tierra es inversamente proporcional al tamaño de estos[52], es decir, cuanto menores son los asteroides, mayor la frecuencia de colisiones con ellos. Millones de meteoros del tamaño de pequeñas piedrecillas colisionan con la atmósfera terrestre cada día. Gracias a observaciones con satélites y otros medios modernos, se estima hoy que un asteroide de 5 a 10 metros de diámetro colisiona con la Tierra una vez por año, por término medio[53]. Estas colisiones liberan tanta energía como la de la bomba atómica que destruyó Hiroshima. No obstante, en general, pasan desapercibidas porque las explosiones suceden en la atmósfera, cuando el asteroide se vaporiza y se destruye, a decenas de kilómetros sobre la superficie de la Tierra, y más frecuentemente sobre el océano o sobre partes de los continentes deshabitadas, que siguen constituyendo la mayor parte de la superficie del planeta, a pesar de que somos ya cerca de 7.000 millones de seres humanos sobre el mismo. Por ejemplo, en el verano de 2002 satélites estadounidenses detectaron sobre el Mediterráneo una explosión similar a la causada por una bomba atómica[54]. Afortunadamente los científicos fueron capaces de determinar que su origen era la colisión con un asteroide. Más recientemente, el 8 de octubre de 2009, de nuevo la red de detección de explosiones nucleares detectó la desintegración de un asteroide de unos 10 metros de diámetro sobre el cielo de indonesia[55].

Las colisiones con cuerpos mayores, capaces de atravesar la atmósfera y de alcanzar la superficie terrestre, son menos frecuentes. Se estima que colisiones con objetos de alrededor de 50 metros de diámetro ocurren con una frecuencia de una cada mil años. Se cree que una colisión así sucedió en la zona del río Tunguska, en Rusia, el 30 de junio de 1908[56]. Asteroides con un diámetro de 1 km impactan la Tierra cada 500,000 años por término medio[57]. Colisiones con asteroides mayores, de alrededor de 5 km de diámetro, podrían ocurrir cada diez millones de años. La frecuencia de colisiones con asteroides mayores es aún menor. La última colisión conocida, por fortuna, con un asteroide de alrededor de 10 km de diámetro es la sucedida hace 65 millones de años que causó la extinción del periodo Cretácico-Terciario, la cual acabo con los aún siempre famosos dinosaurios[58]. Y he dicho por fortuna, porque de no haber sucedido dicha colisión, seguramente no estaríamos aquí experimentando el inmenso placer de leer estas sublimes líneas (nótese el tono irónico).

Considerando los datos anteriores, uno está tentado a alcanzar la conclusión de que si cuanto mayores, más improbables, entonces colisiones entre objetos del tamaño de planetas deben ser extremadamente improbables, y quizá solo sucedan aquí y allá en lugares dispersos del universo, en un número muy, pero muy, pequeño de sistemas solares. Sin embargo, contamos con evidencia de otras grandes colisiones en nuestro Sistema Solar, además de la que formó la Luna. Sin ir más lejos, nuestra propia Luna guarda restos de una considerable colisión: el cráter que se sitúa en el polo sur lunar (llamado depresión de Aitken[59]), de unos 2.500 km de diámetro y el segundo mayor cráter del Sistema Solar. Este cráter no parece ser el resultado de una colisión de alto ángulo de impacto, sino de una colisión de ángulo bajo, es decir, más directa que la que sucedió entre la Tierra y Theia. En todo caso, esta colisión no dejó como resto ningún satélite ni de la Luna, ni de la Tierra.

El mayor cráter del Sistema Solar fue confirmado en 2008[60] y se encuentra en el hemisferio norte de Marte. Este enorme cráter es de unos 10.600 km de largo y 8.500 km de ancho y se estima que se produjo tras una gran colisión ocurrida hace cerca de 4.000 millones de años. Marte cuenta además con el tercer mayor cráter del Sistema Solar, la denominada Planicia Hellas[61], de unos 2.200 km de diámetro.

La sonda Messenger, de la NASA, en 2008, descubrió también un cráter de 715 km de diámetro en la superficie de Mercurio[62].

La presencia de estos enormes cráteres sugiere que las grandes colisiones pudieron ser frecuentes en el origen del Sistema Solar. De hecho, las modernas teorías sobre la formación del Sistema Solar estiman que inicialmente, en la región interna del Sistema Solar, entre Mercurio y Marte, se formaron de 50 a 100 protoplanetas de tamaños comprendidos entre el de la Luna y el de Marte[63]. Fue la colisión y fusión de estos protoplanetas la que acabó por formar los cuatro planetas interiores del Sistema Solar que conocemos, y que en el caso de Venus y de la Tierra son de tamaños considerablemente mayores que los estimados para los protoplanetas iniciales.

Lo anterior sugiere que las colisiones que han dejado los grandes cráteres sobre Marte, Mercurio y la Luna sucedieron hacia el final de este periodo de formación planetaria. Ya hemos dicho antes que la colisión con Theia sucedió cuando se podía dar por terminada la formación de la Tierra, es decir, cuando casi había finalizado el periodo de colisión y fusión entre los protoplanetas inicialmente formados. Los restos y efectos de colisiones previas fueron posiblemente borrados por otras colisiones o fusiones posteriores, incluida la sucedida con Theia. Es decir, aunque las colisiones pudieran ser inicialmente frecuentes, solo las que sucedieron hacia el final del periodo de formación del Sistema Solar dejaron efectos duraderos que no pudieron ser perturbados por subsiguientes colisiones con otros protoplanetas.

Un ejemplo de lo anterior bien podía ser lo que se postula sucedió con el planeta Venus, el cual, aunque similar a la Tierra en tamaño, carece de satélite alguno. La razón por la que Venus carece de satélite puede ser porque hacia el final de su formación sufrió no una, sino dos colisiones con dos protoplanetas diferentes [64] (y no dos con el mismo protoplaneta, como sucedió con la Tierra). Según esta hipótesis, basada en simulaciones por ordenador que tienen en cuenta los actuales parámetros de rotación y momento angular del planeta, Venus colisionó con un gran protoplaneta, colisión que pudo originarle una luna similar a la de la Tierra y que también aceleró el movimiento de rotación sobre su eje, como sucedió con la Tierra. Lamentablemente, solo 10 millones de años más tarde, Venus sufrió otra colisión en sentido contrario, lo que frenó la velocidad de rotación sobre su eje (ahora el "día" de Venus dura lo que 243 días terrestres) y, por efectos gravitatorios, causó que el satélite generado en la primera colisión y los restos generados en la segunda acabaran cayendo sobre el planeta, que se quedó sin luna. De todas formas, con luna o sin ella, Venus se encuentra demasiado cerca del Sol como para desarrollar vida.

En todo caso, si estas dos colisiones sucedieron realmente, lo sucedido con Venus, así como los grandes cráteres observados en otros planetas rocosos de nuestro Sistema Solar, sugieren que las grandes colisiones entre protoplanetas pueden ser frecuentes, pero para que den lugar a satélites estables como la Luna, deben suceder dentro de un determinado rango de condiciones y hacia el final del periodo de formación planetaria. Por lo visto en nuestro Sistema Solar, el resultado final más probable en la formación planetaria es la generación de planetas sin satélites. La única excepción parece ser el satélite de Plutón, Caronte, cuyo origen parece deberse a una colisión entre Plutón y otro cuerpo de talla similar. En todo caso, la generación de un planeta con un gran satélite, como la Luna, localizado además en la zona habitable de la estrella, parece ser improbable.

Es posible (y lo que sigue es mi propia hipótesis independiente, que no obstante he visto también reflejada en algunas publicaciones) que las últimas grandes colisiones en el periodo de formación planetaria sean el resultado de la formación de planetoides en los puntos de Lagrange de una misma órbita, como ya hemos explicado antes. En dichos puntos de Lagrange, en uno de los cuales en la órbita de la Tierra se estima que se situó Theia, la atracción gravitatoria ejercida por los otros cuerpos se anula, lo que permite la acreción y acumulación de masa y la formación de planetoides. Sin embargo, para que esos cuerpos se mantengan en el mismo punto orbital de Lagrange, la masa de los demás cuerpos de la órbita y, sobre todo, la propia masa del cuerpo situado en un punto de Lagrange, no deben cambiar. Si cambian estas masas, también cambian las fuerzas gravitatorias, lo que acarrea la aparición de inestabilidades que inducen que los cuerpos situados en dichos puntos abandonen la órbita.

En el origen del Sistema Solar, cuando los planetoides se encontraban en una fase de crecimiento por acreción y acumulación de masa de la nube protoplanetaria que rodeaba al joven Sol, los cuerpos que podrían estar situados en los puntos de Lagrange se encontraban en una situación de inestabilidad orbital. Esto sugiere que todos los cuerpos formados en ellos acabarían por abandonarlos, y puesto que se encontraban en la misma órbita del protoplaneta mayor, estos podrían quizá entrar en un curso de colisión con él, aunque también podrían entrar en un curso de colisión con el Sol, que los absorbería, o podrían perderse en el espacio (planetas perdidos en el espacio sin órbita fija se han detectado ya cerca de algunas jóvenes estrellas[65]). En el caso de Theia, tuvimos la suerte de que colisionara con la Tierra y se formara la Luna, lo que posiblemente no es el resultado más probable dadas las inmensas distancias interplanetarias en comparación con los tamaños de los planetas y la mayor atracción gravitatoria ejercida por el Sol en comparación a la ejercida por la Tierra.

Así pues, considero razonable suponer que a pesar de que las grandes colisiones en el origen del Sistema Solar pudieron ser significativamente más probables de lo que lo son hoy, y que también pueden ser probables en el origen y formación de otros sistemas planetarios, muy pocas de entre ellas llegarán a suceder siendo las últimas y con las condiciones necesarias de ángulo y velocidad para formar satélites similares a la Luna, alrededor de planetas similares a la Tierra, localizados en una órbita alrededor de una estrella similar al Sol que proporcione las condiciones necesarias para el desarrollo de la vida.

Insistiendo en esta idea, lo que mantengo es que a pesar de que las colisiones entre protoplanetas pueden ser relativamente frecuentes, de manera que cada planeta haya podido sufrir dos, tres o hasta cuatro colisiones antes de estabilizarse en su órbita, las colisiones que generan satélites de un tamaño suficiente como para afectar gravitatoriamente al planeta central deben ser las últimas que sucedan y son muy infrecuentes, quizá únicas. Tenemos aquí la aparente paradoja de que eventos probables, como pueden ser las colisiones entre protoplanetas durante la formación de sistemas planetarios, no dan lugar con frecuencia a sistemas planetarios dobles, similares a la Tierra y la Luna; de hecho, no se ha descubierto ninguno externo al Sistema Solar cuando escribo estas líneas, aunque también es posible que esto se deba a la dificultad actual de detectarlos. Como digo, esto puede parecer paradójico pero, en realidad, no lo es. Cada día nacen miles de niños, y han vivido miles de millones de personas sobre la Tierra, pero solo uno nació con las condiciones necesarias para convertirse en Einstein, y solo otro con las condiciones para convertirse en Picasso. Igualmente, pueden haber sucedido miles de millones de colisiones entre protoplanetas en el universo, pero solo unas pocas suceden con las condiciones necesarias para generar lunas grandes alrededor de planetas que cuenten, además, con el resto de condiciones necesarias para sustentar la vida.

Me gustaría, por ello, detenerme un poco más en las condiciones de las colisiones entre protoplanetas. ¿Qué hubiera sucedido si la colisión de la Prototierra con Theia hubiera ocurrido con un ángulo diferente, o con una velocidad distinta? Evidentemente, si cualquier parámetro de la colisión hubiese variado (entre otros, la masa de los cuerpos que colisionan, su velocidad, su composición química y el ángulo de choque), el resultado hubiera podido ser diferente. Por ejemplo, si los cuerpos hubieran colisionado a una velocidad mayor quizá la materia expulsada al espacio no hubiera podido condensarse de nuevo para formar la Luna, ya que esta materia solo puede condensarse si sale despedida al espacio con una velocidad menor a la velocidad de escape del sistema gravitatorio. Si hubiese salido despedida con una velocidad superior a la velocidad de escape, la gravedad no habría podido retenerla y se habría perdido en el espacio exterior.

Igualmente, un ángulo o una velocidad de choque diferentes hubieran podido generar, por ejemplo, una Tierra más pequeña y una Luna mayor. Esto, en principio, no hubiera cambiado quizá las condiciones para que se desarrollara vida y la civilización sobre la Tierra. Inicialmente, las mareas hubieran sido incluso más intensas, lo que hubiera favorecido aún más la conquista de la tierra firme por los organismos vivos. También, al ser mayor la Luna, hubiera tal vez poseído la gravedad suficiente como para retener agua líquida y la vida hubiera podido desarrollarse también sobre su superficie. Sin embargo, una Tierra menor y una Luna mayor hubieran acortado significativamente el periodo en el que ambos cuerpos habrían alcanzado el acoplamiento de marea, situación en la que planeta y satélite giran sobre sí mismos al mismo tiempo que giran el uno alrededor del otro. Esto es lo que ha sucedido en el caso del planeta enano Plutón y su luna, Caronte. Además de hacer desaparecer pronto las mareas, quizá demasiado pronto como para ayudar a la conquista de la tierra firme por los organismos, el acoplamiento hubiera alargado igualmente la duración de los días y de las noches, causando amplias variaciones de temperatura que hubieran convertido también en más difícil la conquista de la tierra firme por la vida.

Otra posibilidad es que un ángulo de choque o una velocidad diferentes hubieran podido generar una Tierra mayor y una Luna muy pequeña, demasiado pequeña quizá como para ejercer un efecto gravitatorio sustancial sobre la Tierra. Una Luna pequeña no produciría mareas importantes, ni estabilizaría lo suficiente el eje de rotación de la Tierra, por lo que su efecto acelerador sobre la conquista de la tierra firme por la vida habría sido muy pequeño o nulo.

Además de que diversas condiciones de choque hubieran podido generar una Luna diferente, o no generar ninguna, estudios recientes sobre los sistemas planetarios que se van descubriendo alrededor de otras estrellas indican que algunas de las órbitas planetarias son muy excéntricas, es decir, las órbitas tienen la forma de elipses estiradas. El planeta pasa, por tanto, muy cerca de la estrella en un momento de su recorrido orbital y se encuentra muy alejado de la misma en otro momento[66]. Estas órbitas excéntricas parecen producirse como consecuencia de grandes colisiones ocurridas en los momentos finales de formación protoplanetaria. Así pues, otro resultado de las colisiones que ocurrieron durante los periodos finales de la formación del Sistema Solar hubiera podido ser un planeta Tierra y su satélite con una órbita mucho más excéntrica que la actual. En este caso, la temperatura habría variado tanto a lo largo del año que hubiera dificultado mucho más la conquista de la tierra firme por los seres vivos y, por tanto, hubiera dificultado el desarrollo de la inteligencia conducente a una civilización tecnológica.

Por consiguiente, parece claro que de producirse colisiones entre protoplanetas durante la formación de sistemas planetarios alrededor de otras estrellas, estas no pueden producirse de cualquier manera para dar lugar a un sistema planetario doble, con un planeta mayor y otro, menor pero lo suficientemente grande como para que su gravedad afecte al mayor pero no lo frene demasiado en su rotación. Sabemos que los mayores planetas rocosos del Sistema Solar son Venus y la Tierra, por lo que quizá en otros sistemas planetarios alrededor de estrellas similares al Sol, el tamaño de los planetas rocosos sea también similar. Es lo que parece desprenderse del descubrimiento de un nuevo sistema solar localizado a dos mil años luz de la Tierra[67]. Esto limita tal vez la talla de los cuerpos que puedan entrar en colisión, haciendo que cuerpos como la Tierra o Venus sean los mayores con los que otros pueden colisionar. En todo caso, serán probablemente pocas las colisiones que se produzcan con las condiciones adecuadas como para dar como resultado la generación de un planeta y de un satélite de masa adecuada como para producir mareas significativas y estabilizar el eje de rotación sobre sí mismo del planeta.

Aunque, sin duda, es posible que en otros sistemas planetarios puedan formarse planetas rocosos de tamaños superiores a los de la Tierra, o Venus, la masa de los planetas y satélites resultantes de una colisión es un aspecto importante no solo por la generación de mareas, sino por otros aspectos de la evolución de vida inteligente sobre la tierra firme, como en particular, la evolución de los árboles y de los animales arborícolas.

Árboles y manos

La razón por la que esto es importante es que, como hemos discutido en el capítulo 3, la capacidad de una especie para modificar su entorno y generar una tecnología depende, además de su nivel de inteligencia, de determinados condicionantes anatómicos, en particular, de la presencia de extremidades similares o iguales a nuestras manos. Ya hemos también indicado que las manos, e incluso extremidades más primitivas, no son corrientes en los animales exclusivamente acuáticos, y que, por tanto, constituyen principalmente una adaptación al medio terrestre. Investigaciones recientes sugieren que las manos surgieron como consecuencia de la adaptación a la vida arborícola[68], es decir, gracias a la existencia de un nicho ecológico proporcionado por los árboles. Solo en este nicho los animales sufren la presión de selección necesaria como para desarrollar extremidades adaptadas a la sujeción a las ramas y a la locomoción por las copas de los árboles. Esta presión de adaptación, en nuestro caso, dio origen a las manos. Solo animales arborícolas, o que una vez lo fueron, parecen poseer manos lo suficientemente desarrolladas como para ser empleadas en la manipulación del entorno. Además, la posición vertical en la que viven los animales arborícolas favoreció también la aparición de la postura bípeda, que libera las manos de su uso para la locomoción en un medio no arborícola. Es decir, aunque al parecer la bipedación ha evolucionado independientemente no menos de cuatro veces durante la historia de la vida sobre la Tierra[69], solo la evolución de la bipedación a partir de la vida arborícola ha dado origen a animales bípedos con manos sofisticadas como las de los primates.

Muy bien, pero ¿qué tiene que ver esto con la masa de los planetas en sistemas solares diferentes del nuestro, que se encuentren en la zona habitable de las estrellas, en los que la vida ha surgido y que hayan tenido la suerte de sufrir una colisión primigenia que les haya generado un satélite capaz de causar mareas?

La respuesta se encuentra en la fuerza de la gravedad. Un planeta más masivo que la Tierra podría poseer mayor gravedad en su superficie si fuera también más denso, es decir, si su radio no fuera proporcionalmente mayor que el de la Tierra. La fuerza de la gravedad en la superficie de un cuerpo planetario es directamente proporcional a la masa del planeta e inversamente proporcional a su radio, es decir, no solo la masa de los planetas es importante para la fuerza de la gravedad en su superficie, sino igualmente su tamaño. En todo caso, una gravedad mayor en la superficie de un planeta en el que se hubiera desarrollado vida e incluso esta hubiera conquistado la tierra firme, constituiría, en principio, una barrera más importante para la evolución de animales arborícolas que desarrollen manos y que además, alcancen un tamaño y peso adecuados como para disponer de un cerebro de tamaño suficiente que les permitiera desarrollar un adecuado nivel de inteligencia.

En mi opinión, dos obstáculos principales entrarían en juego en los planetas con mayor fuerza de gravedad que la Tierra. El primero sería que la mayor fuerza de gravedad haría más difícil la evolución de las plantas hacia diferentes especies de árboles. Estos necesitarían estructuras más fuertes que las que ahora vemos en los árboles de nuestro planeta para sostener su propio peso, es decir, la aparición de especies de árboles de gran tamaño probablemente sería más difícil, ya que tendrían que superar un gran obstáculo físico para su existencia. Por lo tanto, es probable que las especies de árboles que pudieran aparecer no fueran de gran tamaño, sino solo árboles enanos o arbustos. Además, los árboles tendrían que ser no solo lo suficientemente fuertes como para soportar su propio peso, sino también para soportar el peso de los animales que vivieran sobre ellos.

Esto nos lleva al segundo obstáculo para el desarrollo de los animales arborícolas. Estos animales tendrían que tener músculos muy fuertes y rápidos para moverse adecuadamente en la copa de los árboles en un planeta con mayor fuerza gravitatoria que la nuestra. Si esto no limitaría necesariamente el desarrollo de especies animales arborícolas, sí podría evitar que alcanzaran un tamaño suficiente como para permitir que algunas de ellas desarrollaran un cerebro lo suficientemente complejo como para desarrollar una inteligencia superior que permitiera el desarrollo futuro de una civilización tecnológicamente avanzada.

Es cierto que la bipedación, y quizá también el desarrollo de las manos o de apéndices de sofisticación similar, podría ocurrir en ausencia de árboles, pero en un planeta sin árboles o con solo arbustos, con mayor gravedad que el nuestro, quizá la evolución hacia la bipedación fuera más difícil, ya que sería más arduo permitir la liberación de extremidades para otras funciones que no fueran la propia locomoción. Podemos imaginar animales con múltiples extremidades que hubieran podido evolucionar algunas de ellas como extremidades manipuladoras, pero esto no ha sucedido en nuestro planeta con ninguna especie, quizá con la excepción del Elefante, por lo que no debe ser fácil desde el punto de vista evolutivo, de no existir una seria presión de selección, como supone la adaptación a la vida arborícola. Solo los elefantes parecen haber desarrollado una quinta extremidad, su trompa, y esta no posee, ni de lejos, la capacidad manipuladora de nuestras manos. Para manipular el entorno, dos de nuestras extremidades han dejado de funcionar como extremidades de apoyo y hemos tenido que "aprender" a usar solo las otras dos para desplazarnos. En planetas con mayor gravedad que la Tierra sería, en mi opinión, más difícil que los animales que hubieran podido conquistar la tierra firme desarrollaran extremidades no dedicadas a su locomoción, como es nuestro caso. Por otra parte, el riesgo de pérdidas de equilibrio y caídas sería más importante en un planeta de mayor gravedad, por lo que no usar todas las extremidades para sostenerse y moverse sería peligroso. Ciertamente, podemos imaginar que en planetas de mayor gravedad, los animales habrían evolucionado un número de extremidades superior a cuatro, quizá seis u ocho, lo que les permitiría disponer de un número adecuado de extremidades para desplazarse y, además, disponer de extremidades para manipular su entorno. No obstante, la evolución no funciona, en general, a grandes pasos, ni se dirige hacia un objetivo determinado, como "conseguir" las manos. Es decir, si el nicho ecológico en el que se desarrolla la vida no la incentiva de alguna manera, la evolución no se produce, o se produce mucho más lentamente y sin dirección particular. Así pues, animales con mayor número de extremidades en planetas con mayor gravedad que el nuestro poseerían dichas extremidades porque les resultarían importantes para su desplazamiento y supervivencia y les permitirían transmitir mejor sus genes a la siguiente generación. Esas extremidades solo se convertirían en brazos y manos si alguna especie de estos animales se encontrara en un nicho ecológico en el que la progresiva evolución de alguna de sus extremidades hacia las manos confiriera ciertas ventajas para su inmediata supervivencia. En ausencia de grandes árboles a los que subirse, esto resulta más difícil. Por otra parte, y esto es importante, el control del movimiento y la coordinación adecuada de un mayor número de extremidades requeriría de una mayor dedicación cerebral a esta tarea, lo que limitaría quizá también el desarrollo del cerebro hacia otras funciones, incluida la inteligencia abstracta. En resumen, para poseer una inteligencia superior y, además, la capacidad de manipular el mundo, es necesario un cierto tamaño que permita el desarrollo de un cerebro de la talla suficiente, y unas características anatómicas que permitan una evolución cerebral hacia la liberación del cerebro, en parte, de la función para la que, inicialmente, este surgió, que no es otra que el control del movimiento. Si, a diferencia de las plantas, los animales poseen un sistema nervioso es, precisamente, porque los animales se mueven, lo que necesita un fino control, ejercido por el sistema nervioso. Por esta razón, extremidades en exceso de las que poseemos supondrían la necesidad de una mayor dedicación de este sistema al control y coordinación de su movimiento, lo que dificultaría el desarrollo de una inteligencia superior.

Estas y otras consideraciones que sería demasiado largo explicar aquí, sugieren que para que la evolución de la vida permita un día la aparición de una especie inteligente y capaz de desarrollar la tecnología, los planetas sobre los que esta evolución se desarrollase no podrían ser de cualquier tamaño. Al menos, estas consideraciones permiten concluir que el tamaño de los planetas y su gravedad influirá sobre el resultado y la velocidad de la evolución de la vida que pudiera desarrollarse sobre ellos, y sobre la aparición de una civilización tecnológica.

Tamaño y gravedad

Pero no hay que olvidar que, de acuerdo a la tesis que estoy defendiendo a lo largo de este libro, para que la vida evolucione con suficiente rapidez hacia la inteligencia y la tecnología, los planetas deberían contar con un satélite de tamaño lo suficientemente grande como para generar mareas de cierta magnitud y estabilizar su eje de giro. Un planeta de mayor masa que la Tierra y con una luna del mismo tamaño que la nuestra no sufriría de mareas tan intensas, lo que quizá pudiera ralentizar también la conquista de la tierra firme por la vida o, cuando menos, retrasar la aparición de la inteligencia y la civilización.

Por el contrario, un planeta con menor gravedad en su superficie que el nuestro no sufriría, obviamente, de los impedimentos de los de mayor gravedad, siempre que poseyera una fuerza de gravedad suficiente como para retener una atmósfera lo bastante densa y protectora, y capaz de mantener agua líquida sobre su superficie. Marte, con solo 0,38 veces la fuerza de gravedad terrestre sobre su superficie, carece de una atmósfera densa y no puede retener agua líquida sobre su superficie, aunque sí la tuvo en el pasado y la retiene aún en forma de hielo en sus polos o en forma de glaciares en otras partes del planeta[70]. Esto significa que la masa de los planetas en los que puede desarrollarse la civilización debe ser significativamente superior a la de Marte, pero no debería ser significativamente superior a la de la

Tierra. En cualquier caso, el factor más importante a tener en cuenta es la relación entre las masas de los planetas y satélites resultantes de las colisiones que los formarían. Es razonable pensar que esta relación de masas debe ajustarse a un rango determinado, que puede ser más o menos amplio, pero siempre limitado. En nuestro caso, la Luna posee solo 0,0123 veces la masa de la Tierra[71], pero ya ejerce un efecto gravitatorio importante sobre la misma. Evidentemente, satélites mayores que la Luna ejercerán una influencia mayor, pero satélites menores podrían no ejercer una influencia gravitatoria suficiente. Igualmente, la masa del planeta mayor del sistema doble, como hemos dicho, deberá ser suficiente como para retener una atmósfera, sin la cual la vida no sería posible al perderse el agua en el espacio. Pero, además, una pequeña masa en relación a su satélite podría causar que se produjera pronto lo que se denomina acoplamiento de marea. Como ya hemos explicado, este es el fenómeno por el que la Luna gira sobre sí misma al mismo tiempo que gira alrededor de la Tierra y nos muestra siempre la misma cara. El pequeño tamaño de la Luna respecto al de la Tierra causó que el acoplamiento de marea de la Luna se alcanzara solo miles de años tras su formación. Esto quiere decir que si la masa y gravedad de un planeta no fuera mucho mayor que la de su satélite, se podría producir un acoplamiento de marea mucho más rápidamente que el que se producirá con la Tierra, que aún tardará miles de millones de años en acoplarse con la Luna y mostrarle siempre la misma cara. Cuando el acoplamiento de marea está a punto de producirse, o se ha producido ya, las mareas desaparecen, ya que ambos cuerpos planetarios se encuentran siempre mostrando la misma cara al otro. Esto quiere decir que si un planeta no posee la suficiente masa como para impedir el acoplamiento de marea de forma rápida con su satélite, como ha sido el caso de la Tierra, este se producirá, las mareas desaparecerán rápidamente y la duración de los días y las noches se alargará, lo que causará una gran variación de temperatura entre ellos. En el caso de la Tierra, ha hecho falta más de dos mil millones de años desde el origen de la vida hasta que esta estuvo lista para conquistar la tierra firme en forma de organismos complejos. Si para ese momento ya se hubiera producido un acoplamiento de marea con la Luna, las mareas no hubieran existido y su papel acelerador sobre la conquista de la tierra firme por la vida no habría tenido lugar, además de que las temperaturas a medio día o a medianoche hubieran sido demasiado extremas como para permitirla.

Las anteriores consideraciones se ven reforzadas por las modernas teorías y modelos de formación de sistemas solares alrededor de otras estrellas. Se ha comprobado que el proceso de formación planetaria es caótico[72], es decir, pequeñas variaciones en las condiciones iniciales resultan en enormes variaciones en el estado final. Esto ha resultado, en la formación de sistemas planetarios muy diferentes al nuestro en planetas y su distribución. Además, como ya hemos mencionado hacia el principio de este capítulo, la distribución planetaria de nuestro Sistema Solar, con sus planetas rocosos orbitando cerca de Sol y los gaseosos, lejos, parece ser la excepción, más que la regla.

Lo anterior podría sugerir la posibilidad de que planetas gaseosos masivos girando en la zona habitable de una estrella podrían poseer satélites rocosos sobre los que se desarrollara la vida. Esto es sin duda posible, pero recordemos que no nos interesa solo el desarrollo de la vida, sino de una civilización. Sobre los satélites de esos planetas gigantes lo suficientemente grandes como para mantener una atmosfera y agua líquida sí podría haber mareas causadas por la enorme gravedad de los planetas. Sin embargo, la época de las mareas duraría poco tiempo, porque el acoplamiento de marea se produciría de manera bastante rápida, ya que el tiempo de acoplamiento es inversamente proporcional al cuadrado de la masa del planeta[73]. Hoy sabemos que los cuatro satélites mayores de Júpiter están acoplados con este, así como Titán, el mayor satélite de Saturno y poseedor de una atmosfera, también se encuentra acoplado con su planeta. Por supuesto, satélites de estos planetas de menor talla están igualmente acoplados.

Lo anterior implica, de nuevo, que si la vida se desarrollara sobre satélites de planetas gigantes que giraran en la zona habitable de una estrella, no contarían con mareas el tiempo suficiente como para facilitar la conquista de la tierra firme por la vida, en caso de que la vida se desarrollara, y de que contaran con suficiente tierra firme, a pesar de no haber sufrido colisión alguna con otro protosatélite. A esta dificultad se unirían otras, más importantes incluso que la ausencia de mareas, como la fluctuación de su eje de rotación al carecer de un satélite que lo estabilizara, con los consiguientes bruscos cambios climáticos, así como un potencialmente largo periodo de rotación sobre su propio eje, que causaría diferencias extremas de temperatura entre el día y la noche, lo que podría dificultar mucho la conquista de la tierra firme por la vida, como hemos comentado arriba.

Por todo lo anterior, podemos suponer, sin demasiado temor a equivocarnos, que en otros sistemas solares serán infrecuentes los planetas similares a la Tierra que cuenten con satélites similares a la Luna y que se encuentren a la distancia adecuada de una estrella central para que en ellos se desarrolle la vida, para que esta conquiste la tierra-firme, surja la inteligencia superior y se desarrolle una civilización. En este sentido, como en tantos otros, nuestro planeta es privilegiado.

Notas del capítulo 4

1 Isaac Asimov. La Tragedia de la Luna. Alianza Editorial, 1973.

2   http://www.britannica.com/EBchecked/topic/595148/tide   -
http://en.wikipedia.org/wiki/Tides -

3 Richard Dawkins. Climbing Mount Improbable (1996) New York. Norton. ISBN
0393039307   http://arxiv.org/abs/q-bio.PE/0603034   -
http://en.wikipedia.org/wiki/Fitness_landscape

4   http://www.nature.com/news/2010/100301/full/news.2010.99.html   -
http://en.wikipedia.org/wiki/Polar_bear

5 http://exoplanet.eu/catalog.php

6 http://kepler.nasa.gov/

7 http://www.sciam.com/article.cfm?id=habitable-planets-crowded-universe

8 Michael W. Werner and Michael A. Jura. Improbable planets. Scientific American.
June 2009

9 On the formation of terrestrial planets in hot-Jupiter Systems. Martyn J. Fogg,
Richard   P.   Nelson.   Astron.   Astrophys.   461:1195-1208,   2007.
(http://arxiv.org/abs/astro-ph/0610314v1).

10   http://www.pbs.org/lifebeyondearth/alone/habitable.html   -
http://www.solstation.com/habitable.htmhttp://en.wikipedia.org/wiki/Goldilocks_p
henomenon#cite_note-1

11   Kasting   et   al   1993,   Icarus   101,   108–128   -
http://en.wikipedia.org/wiki/Habitable_zone

12 http://exoplanet.eu/catalog.php

13 Elkins-Tanton, Linda T. (2006). Asteroids, Meteorites, and Comets (First ed.).
New   York: Chelsea   House.   ISBN   0-8160-5195-X.
http://en.wikipedia.org/wiki/Asteroid_belt

14 http://www.nature.com/news/2009/090203/full/news.2009.78.html

15 http://www.pbs.org/wgbh/nova/tothemoon/origins.html

16 http://en.wikipedia.org/wiki/Thomas_Jefferson_Jackson_See

17 http://en.wikipedia.org/wiki/Osmond_Fisher

18 Binder, A.B. (1974). "On the origin of the Moon by rotational fission". The Moon
11 (2): 53–76. doi:10.1007/BF01877794. Stroud, Rick (2009). The Book of the Moon.
Walken and Company. pp. 24–27. ISBN 0802717349.

19   http://www.answers.com/topic/douard-roche   -
http://en.wikipedia.org/wiki/Edouard_Roche

20 James H. Natland: Reginald Aldworth Daly (1871–1957): Eclectic Theoretician of
the   Earth.   GSA   Today,   vol.   16,   no.   2,   2006   -

http://en.wikipedia.org/wiki/Giant_impact_hypothesis - Belbruno, E.; J. Richard Gott III (2005). "Where Did The Moon Come From?". The Astronomical Journal 129 (3): 1724–1745. doi:10.1086/427539. arXiv:astro-ph/0405372.

21 Galimov, E.M. and Krivtsov, A.M. (December 2005). "Origin of the Earth-Moon System". J. Earth Syst. Sci. 114 (6): 593–600. doi:10.1007/BF02715942

22 http://www.es.ucl.ac.uk/research/planetary/undergraduate/bugiolacchi/moonf.htm

23 CRC Handbook of Chemistry and Physics, 90th Edition. Editor(s): David R. Lide, National Institute of Standards & Technology (Retired), Gaithersburg, Maryland, USA. ISBN: 9781420090840

24 http://web.archive.org/web/20060901133923/http://www.astro.wesleyan.edu/~bill/courses/astr231/wes_only/element_abundances.pdf

25 http://www.psi.edu/projects/moon/moon.html

26 Wieczorek, M.; et al. (2006). "The constitution and structure of the lunar interior". Reviews in Mineralogy and Geochemistry 60: 221–364. doi:10.2138/rmg.2006.60.3

27 http://www.nature.com/nature/journal/v454/n7201/full/nature07047.html

28 http://www.es.ucl.ac.uk/research/planetary/undergraduate/bugiolacchi/moonf.htm

29 http://www.es.ucl.ac.uk/research/planetary/undergraduate/bugiolacchi/moonf.htm

30 http://www.spacetoday.org/SolSys/Moons/MoonsSolSys.html

31 http://nssdc.gsfc.nasa.gov/planetary/factsheet/moonfact.html

32 http://www.es.ucl.ac.uk/research/planetary/undergraduate/bugiolacchi/moonf.htm

33 http://www.esa.int/esaMI/Operations/SEMM17XJD1E_0.html

34 http://en.wikipedia.org/wiki/Giant_impact_hypothesis -
Where Did the Moon Come From? Edward Belbruno et al 2005 The Astronomical Journal 129 1724-1745. doi: 10.1086/427539

35 Robin M. Canup. Simulations of a late lunar-forming impact. Icarus 168 (2004) 433.

36 http://www.boulder.swri.edu/~robin/moonimpact/

37 http://articles.adsabs.harvard.edu/full/2003A%26G....44b..22S

38 Cohen, B. A.; Swindle, T. D.; Kring, D. A. (2000), "Support for the Lunar Cataclysm Hypothesis from Lunar Meteorite Impact Melt Ages", Science 290 (5497): 1754–1755, doi:10.1126/science.290.5497.1754

39 Icarus (10.1016/j.icarus.2009.07.015)

40 Scott, C; Lyons, T. W.; Bekker, A.; Shen, Y.; Poulton, S. W.; Chu, X.; Anbar, A. D. (2008). "Tracing the stepwise oxygenation of the Proterozoic ocean". Nature 452 (7186): 456–460. doi:10.1038/nature06811

41 Hays, J.D.; Imbrie, J.; Shackleton, N.J. (1976). "Variations in the Earth's Orbit: Pacemaker of the Ice Ages". Science 194 (4270): 1121–1132. doi:10.1126/science.194.4270.1121 -
http://www.ncdc.noaa.gov/paleo/milankovitch.html -

42 http://en.wikipedia.org/wiki/Albedo#Snow

43   http://www.thermexcel.com/english/tables/eau_atm.htm   -
http://www.engineeringtoolbox.com/specific-heat-fluids-d_151.html

44 Richard Lathe (2004). Fast tidal cycling and the origin of life. Icarus 168(1), 18-22.

45 http://www.asi.org/adb/m/03/05/average-temperatures.html

46 http://en.wikipedia.org/wiki/Tidal_locking#Final_configuration

47 http://www.daviddarling.info/encyclopedia/C/COROT.html

48 http://www.daviddarling.info/encyclopedia/G/gravlock.html

49 http://www.daviddarling.info/encyclopedia/H/habzone.html

50
http://www.astro.cornell.edu/academics/courses/astro101/herter/java/evolve/evolve.htm - http://en.wikipedia.org/wiki/Stellar_evolution

51 http://www.nasa.gov/vision/universe/newworlds/HabStars.html

52 Clark R. Chapman & David Morrison (January 6, 1994), "Impacts on the Earth by asteroids and comets: assessing the hazard", Nature 367: 33–40, doi:10.1038/367033a0

53 http://www.nature.com/nature/journal/v420/n6913/full/nature01238.html

54 http://www.spaceref.com/news/viewpr.html?pid=8834

55   http://blogs.discovermagazine.com/badastronomy/2009/10/27/asteroid-exploded-over-indonesia-weeks-ago/

56 http://www-th.bo.infn.it/tunguska/

57 Bostrom, Nick (2002). "Existential Risks: Analyzing Human Extinction Scenarios and Related Hazards". Journal of Evolution and Technology 9. http://www.nickbostrom.com/existential/risks.html

58 http://en.wikipedia.org/wiki/Cretaceous–Tertiary_extinction_event

59 Petro, Noah E.; Pieters, Carle M. (2004-05-05), "Surviving the heavy bombardment: Ancient material at the surface of South Pole-Aitken Basin", Journal of Geophysical Research 109

60 http://www.nature.com/nature/journal/v453/n7199/full/nature07070.html

61 Schultz, Richard A.; Frey, Herbert V. (1990). "A new survey of multi-ring impact basins on Mars". Journal of Geophysical Research 95: 14175–14189. doi:10.1029/JB095iB09p14175.   -
http://planetarynames.wr.usgs.gov/jsp/FeatureNameDetail.jsp?feature=62601

62 Thomas R. Watters, James W. Head, Sean C. Solomon, Mark S. Robinson, Clark R. Chapman, Brett W. Denevi, Caleb I. Fassett, Scott L. Murchie, Robert G. Strom (2009). Evolution of the Rembrandt Impact Basin on Mercury. Science, Vol. 324 (5927) pp. 618–621.
http://www.sciencemag.org/cgi/content/full/sci;324/5927/618?maxtoshow=&hits=10&RESULTFORMAT=&fulltext=Watters+Mercury&searchid=1&FIRSTINDEX=0&resourcetype=HWCIT

63 Douglas N. C. Lin (May 2008). "The Genesis of Planets" (fee required). Scientific American 298 (5): 50–59. doi:10.1038/scientificamerican0508-50

64 http://www.skyandtelescope.com/news/home/4353026.html;
http://www.scientificamerican.com/article.cfm?id=double-impact-may-explain&ref=sciam

65 Douglas N. C. Lin (May 2008). "The Genesis of Planets". Scientific American 298 (5): 50–59.

66
http://www.sciencenews.org/view/generic/id/46658/title/Extrasolar_planets_at_full_tilt

67 http://www.nature.com/nature/journal/v470/n7332/full/nature09760.html

68 http://www.ncbi.nlm.nih.gov/pubmed/19667206. Kivell TL, Schmitt D. (2009). Independent evolution of knuckle-walking in African apes shows that humans did not evolve from a knuckle-walking ancestor. Proc Natl Acad Sci U S A. 2009 Aug 25;106 (34):14241-6. Epub 2009 Aug 10.

69 http://www.philosophistry.com/static/bipedalism.html

70 Lodders, Katharina; Fegley, Bruce (1998). The planetary scientist's companion. Oxford University Press US. p. 190. ISBN 0195116941.

71 Wieczorek, M.; et al. (2006). "The constitution and structure of the lunar interior". Reviews in Mineralogy and Geochemistry 60: 221–364. doi:10.2138/rmg.2006.60.3.

72 Douglas N. C. Lin (May 2008). "The Genesis of Planets". Scientific American 298 (5): 50–59.

73 B. Gladman et al. (1996). "Synchronous Locking of Tidally Evolving Satellites". Icarus 122: 166. doi:10.1006/icar.1996.0117

Capítulo 5. Civilizaciones

El origen de la Luna como resultado de una gran colisión en condiciones precisas convierte en muy improbable que otros planetas similares al nuestro posean satélites semejantes, lo suficientemente grandes, en todo caso, como para causar mareas durante miles de millones de años, estabilizar el eje de rotación del planeta principal y generar una rápida rotación sobre su eje. Por esta razón, también puede ser improbable que existan otras civilizaciones tecnológicamente avanzadas, al menos en nuestra galaxia, ya que la Luna, tras ayudar a que surja la civilización, también ha ayudado mucho al avance de la tecnología.

Y digo bien: la Luna ha ayudado al avance de la tecnología. Por su cercanía a la Tierra, la Luna ha ayudado al inicio de la exploración espacial no solo por los robots y sondas espaciales, sino también por el ser humano. La exploración espacial ha permitido el desarrollo de numerosas tecnologías que hoy muchos disfrutamos. De no encontrarse la Luna tan cercana a la Tierra, no hubiéramos ni soñado con enviar un ser humano al espacio exterior. Ni aún con la tecnología de la que disponemos hoy tras enviar a varios hombres a la Luna somos capaces de enviar con seguridad suficiente a seres humanos a Marte. Mucho menos, por tanto, lo seríamos si no hubiéramos enviado a nadie a la Luna, lo que habría sucedido si esta no existiera (y si a pesar de ello, aunque no lo creo, hubiera aparecido nuestra especie y civilización sobre la Tierra).

Por todas estas razones, es posible que incluso si existen otras civilizaciones en planetas similares a la Tierra, estas no estén tan desarrolladas como la nuestra, por retrasada que la nuestra pueda parecernos. Pero, ¿podemos estimar cuántas civilizaciones pueden existir en el universo, o al menos en nuestra galaxia?

La ecuación de Drake

Sí, podemos (yes, we can!). Podemos desde que en el año 1960 el Dr. Frank Drake[1] (hoy profesor emérito de Astronomía y Astrofísica en la Universidad de California) publicó su famosa ecuación que permite realizar esta estimación de acuerdo a un número de factores. Los valores de estos factores son aún hoy inciertos, y de ellos depende cuántas civilizaciones tecnológicamente avanzadas existen en el universo. ¿Cuál es esta ecuación y cuáles son estos factores?

Antes de sumergirnos en dicha ecuación, permíteme que pida tu colaboración para ahuyentar el "espíritu de las antimatemáticas". Este espíritu es el que consigue que abandones un libro o huyas de su lectura al primer atisbo de que en su interior se encuentra una ecuación, o una fórmula matemática. La ecuación de Drake, como todas las ecuaciones, es una fórmula matemática, pero es muy sencilla. La vamos a explicar muy claramente y verás como el "espíritu de las antimatemáticas", que es un espíritu muy anticientífico, como todos los espíritus, esta vez nos deja tranquilos.

La ecuación de Drake[2] nos dice que el número de civilizaciones, que vamos a llamar N, es igual al producto de varios factores:

$$N = N^*.f_p.n_e.f_l.f_i.f_c.f_L$$

Vamos a ir explicando ahora con tranquilidad y claridad qué son todos estos factores.

N es el número de civilizaciones de la galaxia, o del universo entero (dependiendo de lo que deseemos estimar) que se encuentran en un grado de desarrollo suficiente como para comunicarse con nosotros. Puesto que las civilizaciones con las que podríamos entrar más fácilmente en contacto se encontrarán en nuestra galaxia, vamos a limitarnos a estimar este número. Lo que nos dice la ecuación de Drake, una vez más, es que el número de civilizaciones desarrolladas se calcula mediante la multiplicación de una serie de cantidades, representadas por las letras en la parte derecha de la ecuación. ¿Qué valores representan cada una de estas letras?

N^* (léase N-estrella) es el número de estrellas de la galaxia. Es indiscutible que el número de civilizaciones que pueden desarrollarse en cualquier galaxia depende del número de estrellas que contenga, o haya contenido, a lo largo de su existencia (algunas estrellas mueren y otras nacen de los restos de estas, como sucedió con nuestro Sol).

Una galaxia con mayor cantidad de estrellas podrá contener también más estrellas que posean planetas a su alrededor. En todo caso, lo más probable es que solo una fracción de las estrellas que existan o hayan existido en la galaxia posean planetas. Esta fracción es la representada por el número f_p, que no significa otra cosa que la fracción de estrellas con planetas (fracción-planeta, f_p). Es indudable igualmente que solo sobre la superficie de los planetas podrá surgir la vida.

Sin embargo, no todos los planetas poseerán las condiciones necesarias para sustentar la vida. Por lo que sabemos, solo un planeta del sistema solar posee dichas condiciones: el nuestro. La fracción de planetas por estrella capaces de sustentar la vida se representa por el número n_e (número por estrella).

Probablemente, sin embargo, no surgirá la vida sobre todos los planetas capaces de sustentarla. La fracción de planetas capaces de sustentar la vida en los que la vida efectivamente surge se representa por el número f_l (*fraction life*, fracción vida).

Pero no en todos los planetas en los que la vida surge, surgirá por ello la inteligencia. La fracción de planetas en los que tras haber surgido la vida, aparece la inteligencia se representa por el factor fi (fracción inteligencia).

De nuevo, no en todos los planetas en los que aparezca una forma de vida inteligente esta evolucionará hasta desarrollar una civilización tecnológica capaz de comunicarse con otras en el espacio exterior. Esto solo sucederá en una fracción de planetas que cuenten con vida inteligente, y esta fracción de denomina f_c (fracción civilización).

Por último, una vez aparecida una civilización tecnológicamente avanzada, esta no será eterna. Lo más razonable es pensar que las civilizaciones, como las especies biológicas, poseerán una determinada longevidad y tras un tiempo desaparecerán. Este tiempo se representa por fL (fracción Longevidad), que es la cantidad de tiempo que una civilización emite energía al espacio exterior con la capacidad de que sea detectada por otras, o el tiempo que una civilización tecnológica es capaz de existir viajando por el espacio en busca de otras civilizaciones.

¿Cuántas civilizaciones se estima que existen en la galaxia mediante la aplicación la ecuación de Drake? Evidentemente, el número de civilizaciones estimado depende del valor que le otorguemos a cada uno de los factores que la forman. Por esta razón, la estimación del número de civilizaciones varía mucho de acuerdo al optimismo o pesimismo de los diferentes autores. Este número varía de 0,05 (estamos solos) a más de 10.000 (son abundantes).

El factor Luna

Si recordamos la paradoja de Fermi, explicada en el capítulo 2, y si es cierto que de existir muchas civilizaciones en la galaxia, alguna habría entrado en contacto con nosotros ya, es evidente que entonces no existen muchas civilizaciones en nuestra galaxia capaces de una tecnología suficiente como para comunicarse con otras en el espacio exterior. El número de civilizaciones en la galaxia no debe ser muy numeroso, ciertamente menor que 10.000.

La razón de la existencia de escasas civilizaciones, de acuerdo a la ecuación de Drake, podría explicarse con que solo uno de los factores que la componen fuera extraordinariamente pequeño. Por ejemplo, si el factor n_e, es decir, la fracción de planetas por estrella capaces de sustentar la vida, fuera muy pequeño, esto explicaría por sí solo la ausencia de otras civilizaciones en nuestra galaxia. Por supuesto, si no solo uno de estos factores, sino dos o más, poseen un valor pequeño, la cantidad de civilizaciones en la galaxia se reduciría aún más.

Si los argumentos y consideraciones sobre la Luna que hemos discutido en los capítulos anteriores son ciertos, podemos suponer, entonces, que solo se desarrollarán civilizaciones tecnológicamente avanzadas, al menos en un tiempo lo suficientemente rápido, sobre planetas "dobles" con características concretas, como lo es el sistema Tierra-Luna, es decir, podemos suponer que en la actualidad temporal de nuestra Tierra, pero en el pasado en las estrellas de la galaxia, un pasado proporcional en años-luz a la distancia a la que se encuentren de nosotros, solo se habrán desarrollado civilizaciones con la capacidad de comunicarse con nosotros sobre planetas dobles similares al sistema Tierra-Luna. La existencia de planetas dobles alrededor de una estrella sería entonces condición necesaria para el desarrollo de una civilización capaz de comunicarse ahora con nosotros, pero no en todos ellos la civilización se desarrollará con seguridad, claro está.

Si estas consideraciones son ciertas (al menos me parecen razonables) se hace necesario introducir un nuevo factor, de mi invención, en la ecuación de Drake, al que me gusta llamar el factor luna (moon factor, o f_m). La ecuación de Drake modificada quedaría entonces así:

$$N = N^{*}.f_p.n_e.f_l.\mathbf{f_m}.f_i.f_c.f_L$$

El factor f_m colocado en esa posición significa la fracción de planetas en los que se ha desarrollado la vida que cuentan con un satélite lo suficientemente grande como para ejercer una influencia gravitatoria sustancial sobre él. Solo en estos planetas se podrá desarrollar lo suficientemente rápido una inteligencia capaz de evolucionar hacia la civilización tecnológica, pero no en todos se desarrollará (por ejemplo, como hemos discutido en el capítulo 3, no en los cubiertos completamente de agua). Esta fracción vendría dada, como hemos dicho, por el factor f_i, que por eso debe colocarse detrás del factor f_m. Evidentemente, el factor f_m posee un valor muy pequeño, que disminuye aún más el valor del producto de todos los demás factores de la ecuación de Drake. Este nuevo factor disminuiría la cantidad estimada de civilizaciones en la galaxia por debajo de los valores más pesimistas, incluso supondría que no solo estamos solos, sino que lo estamos "de milagro". Este factor podría explicar, por tanto, la razón de la paradoja de Fermi y resolver, de hecho, esta paradoja.

El Gran Filtro

En este sentido, es necesario mencionar que para explicar la paradoja de Fermi se ha propuesto la teoría llamada del Gran Filtro[3]. Esta teoría mantiene que puesto que las civilizaciones son muy poco numerosas en la galaxia (quizá solo exista la nuestra, que es la única que conocemos, de hecho, por el momento) existe un Gran Filtro que impide su desarrollo. Este Gran Filtro es difícil de superar, por lo que solo unas pocas lo consiguen. Este Filtro puede estar constituido por barreras para el desarrollo de la vida, de la inteligencia, o de la civilización, o podría estar constituido por condiciones que conducen a la muerte temprana de las civilizaciones tecnológicas, una vez estas han surgido.

Detengámonos un momento en esta última consideración. Estas condiciones, si existen, no pueden estar basadas en factores externos a las propias civilizaciones. No podemos considerar, por ejemplo, como causa de la escasez de otras civilizaciones en la galaxia la colisión de asteroides con los planetas que las albergaran y que originaran su extinción. Aunque esto pudiera suceder con algunas, es improbable que sucediera con todas, ni siquiera con la mayoría de ellas. Así pues, el Gran Filtro, si se encuentra en nuestro futuro, debe surgir como efecto del propio desarrollo y evolución de las civilizaciones, es decir, debe ser algo intrínseco a las mismas. Es cierto, al menos a mí me lo parece, que la fragilidad de nuestra civilización tecnológica parece aumentar a medida que la tecnología avanza. Antes del descubrimiento de la energía nuclear y de las bombas atómicas, el riesgo de autodestrucción de nuestro planeta o, al menos, de la humanidad y de su civilización como las conocemos, era mucho menor que tras dicho descubrimiento. Otras tecnologías plantean también riesgos globales que pudieran causar nuestra destrucción, o la extinción de la especie humana. Como ya estamos experimentando, el empleo indiscriminado e irracional de los recursos del planeta, causado por el propio desarrollo tecnológico, supone también una amenaza para la sostenibilidad de la vida, de la biodiversidad y, por extensión, de nuestra civilización tecnológica.

Por otra parte, el aumento del conocimiento especializado, especialización necesaria para que la civilización funcione adecuadamente y progrese, acarrea que dicho conocimiento sea poseído por cada vez menos miembros de la sociedad. En este sentido, el sistema social de la utilización del conocimiento, que no solo se limita a la disponibilidad del mismo en Internet u otros medios, sino al "saber hacer", al conocimiento práctico, es cada vez menos robusto, en el sentido en que se define la robustez de un sistema, que es proporcional a su redundancia. En otras palabras, un sistema robusto es aquel que cuenta con mecanismos redundantes de sustitución para el caso de que uno o más de sus mecanismos fallen. Si cada vez menos y menos personas conocen cómo hacer bien algo, si esas personas desaparecieran o su número se viera muy disminuido, por ejemplo como causa en una guerra o de una epidemia, esa parte del conocimiento se perdería con ellas, o no se podría implementar de manera adecuada. En este sentido es en el que afirmo que el avance del conocimiento convierte a la civilización tecnológica en menos y menos robusta, o lo que es lo mismo, en más y más frágil. ¿Cuántas personas en el mundo saben controlar la energía nuclear, o fabricar televisiones de última tecnología, o mantener Internet funcionando de manera adecuada, o producir automóviles, o modificar el ADN para producir organismos transgénicos…? Solo una mínima fracción de la población mundial. Si esa fracción es mermada seriamente, quizá por una catástrofe natural (por ejemplo, la colisión con un asteroide) o artificial (una guerra nuclear) la capacidad de toda la civilización para seguir empleando y desarrollando una determinada tecnología también se vería mermada.

Así pues, a medida que el conocimiento avanza y se acumula y la tecnología se hace más y más sofisticada, la civilización se hace más y más frágil. Si esto es propio de todas las civilizaciones tecnológicas que puedan existir o haber existido en el universo, y bien lo pudiera ser, es posible que alcancemos un grado de fragilidad en el futuro que conduzca a la destrucción de nuestra civilización. Además, puesto que el avance de la tecnología nos hace cada vez más dependientes de ella, es posible que si una determinada tecnología avanzada se pierde, esto cause un efecto dominó en toda la civilización, ya que no sería siempre posible recuperar tecnologías menos avanzadas para sustituir a la que pudiera haberse perdido. De hecho, el conocimiento de tecnologías más antiguas que podrían ayudar a paliar la situación también se ha podido perder, precisamente por haber sido sustituidas por otras más avanzadas, y puede ser lento y difícil recuperarlo. Además, la dependencia que tenemos de ciertas tecnologías para hacer funcionar nuestra civilización puede ser demasiado grande y causar un enorme perjuicio si estas faltan. Pensemos, si no, qué sería de muchos de nosotros ahora si Internet desapareciera mañana. Por otra parte, no es necesario que se produzca la desaparición física de la civilización por una fragilidad determinada. Desde el punto de vista de la soledad cósmica, bastaría con que la fragilidad causara solo una incapacidad para comunicarse con otras civilizaciones, o una incapacidad para salir al espacio exterior, es decir, bastaría con que un determinado problema convirtiera a las civilizaciones, dondequiera se encontraran en el universo, en autistas forzosos.

Por consiguiente, es posible que el Gran Filtro se encuentre muy cerca en nuestro futuro y que cause nuestra destrucción o nuestra regresión a un punto tecnológicamente menos avanzado, del que solo saldremos para volver a caer en otro, en una trágica repetición. La razón por la que el Gran Filtro debería estar cerca (aunque cerca pueden ser tres, cuatro o incluso más siglos) es que si la longevidad de las civilizaciones fuera elevada, es decir, el valor del factor f_L de la ecuación de Drake fuera alto, entonces, no habiendo un filtro particularmente estricto en los otros factores, como hemos supuesto, las civilizaciones serían numerosas y hubiéramos podido detectar algunas, o alguna hubiera podido entablar contacto con nosotros. Puesto que este no es el caso, esto implicaría que la desaparición de nuestra civilización, o al menos la regresión tecnológica, estaría próxima, tal y como habría sucedido con otras civilizaciones de la galaxia antes que la nuestra.

No obstante, es también posible que el Gran Filtro se encuentre en nuestro pasado, y que la nuestra sea una de las pocas civilizaciones, quizá la única en la galaxia, que lo ha superado. Existen numerosas posibilidades compatibles con que el Gran Filtro se encuentre en el pasado. Por ejemplo, el Gran Filtro podría constituirlo la aparición de la primera molécula con capacidad de reproducción. Sin reproducción la evolución, y por supuesto la vida, no es posible, porque solo evoluciona lo que se reproduce.

También podría suceder que el Gran Filtro fuera el desarrollo de la fotosíntesis, proceso necesario para generar el oxígeno atmosférico que hace posible hoy los procesos vitales aeróbicos. Estos procesos son necesarios para generar la gran cantidad de energía metabólica necesaria para la vida de los organismos complejos. El oxígeno atmosférico permite, además, la formación de la capa de ozono que protege a los organismos terrestres de la radiación ultravioleta y les permite vivir fuera del medio acuoso, lo cual también ha tenido su influencia para la conquista de la tierra firme por la vida y, por tanto, para el desarrollo de la inteligencia[4]. Un mundo anaeróbico probablemente no dispondría de la cantidad de recursos energéticos necesarios para desarrollar organismos complejos, los únicos que pueden llegar a poseer suficiente inteligencia como para llegar a desarrollar una civilización.

Otro candidato para el Gran Filtro puede ser la generación de organismos eucariotas, lo cual tardó en ocurrir alrededor de dos mil millones de años en nuestro planeta, como ya dijimos, y se cree que solo sucedió una vez en la historia de la vida[5]. Solo los organismos eucariotas pueden generar suficiente cantidad de energía metabólica para mantener genomas grandes y complejos, con los genes necesarios para la evolución futura de organismos multicelulares, los cuales, en nuestro planeta, están solo formados exclusivamente por células eucariotas.

Sea como sea, no es mi intención analizar una lista exhaustiva de posibles Grandes Filtros en el pasado, todos los cuales han sido superados por la vida en nuestro planeta; en caso contrario, no estaríamos hablando de ello. Pero sí es mi intención proponer que el Gran Filtro más probable y más limitante se encuentra en nuestro pasado, y no en nuestro futuro, y que ese Gran Filtro es la generación de planetas dobles con una relación de masas de un rango determinado en las zonas habitables alrededor de las estrellas, es decir en aquellas en las que la temperatura es compatible con la existencia de agua líquida. Esto no quiere decir que el origen de la vida, de los organismos eucariotas o de la fotosíntesis sea fácil y suceda siempre en cualquier planeta que se encuentre en la zona habitable de una estrella. Quizá estos procesos sean también parte de un Gran Filtro global formado por múltiples factores limitantes que impiden que la galaxia se encuentre rebosante de seres inteligentes y civilizaciones. Pero, como ya hemos discutido, la presencia de un satélite de tamaño sustancial alrededor de un planeta situado en la zona habitable de una estrella es un evento muy raro, debido a que probablemente solo puede ocurrir tras una última colisión que tenga lugar con unos parámetros de rango limitado. Si la presencia de un gran satélite, como mantengo, es necesaria para el desarrollo de una inteligencia que pueda evolucionar hacia la civilización tecnológica sobre un planeta, la generación de un satélite como la Luna sería, pues, el Gran Filtro, o mejor dicho, la Gran Ayuda, el impulso acelerador, que nuestra civilización ha tenido para aparecer sobre la Tierra, y hacerlo quizá antes que ninguna otra en la galaxia. Por supuesto, para asegurarnos de que esta conclusión es correcta habrá que esperar a los datos futuros sobre la presencia de vida en otros planetas, espero no demasiado lejanos. Si la vida fuese común en otros planetas sin luna situados en las zonas habitables de las estrellas, pero ninguno contara con organismos inteligentes, esto apoyaría la hipótesis que venimos manteniendo.

En cualquier caso, mientras la humanidad espera estos datos, la probabilidad de que estemos solos en la galaxia, por las razones explicadas hasta aquí, no es pequeña. Y de estar realmente solos, esto apuntaría hacia un brillante futuro para la humanidad, si sabemos gestionarlo con inteligencia. De esto vamos a hablar en el capítulo siguiente, lo que también, y paradójicamente, nos va a ayudar a entender por qué es muy probable que, en efecto, estemos solos en la galaxia.

Notas del capítulo 5

_____

1 http://www.seti.org/Page.aspx?pid=418

http://en.wikipedia.org/wiki/Frank_Drake

2 http://www.dbskeptic.com/2009/04/19/the-drake-equation/

http://en.wikipedia.org/wiki/Drake_equation

3 http://hanson.gmu.edu/greatfilter.html

4 http://www.nas.nasa.gov/About/Education/Ozone/ozone.html

5 Pisani D, Cotton JA, McInerney JO (2007). "Supertrees disentangle the chimerical origin of eukaryotic genomes". Mol Biol Evol. 24 (8): 1752–60. doi:10.1093/molbev/msm095. PMID 17504772.

Capítulo 6. Futuros

Hasta ahora, hemos recorrido un camino basado en datos científicos conocidos para concluir que no es probable que nosotros, los terrícolas, estemos acompañados por otras civilizaciones inteligentes cercanas a nosotros con las que podamos comunicarnos. En este capítulo, sin embargo, vamos a adentrarnos en una zona especulativa acerca de otros posibles universos y acerca del futuro de la especie humana en nuestro universo. El senderismo mental que propongo a los lectores que se atrevan podría ser algo difícil para los espíritus débiles. Sin embargo, te aconsejo que viajes mentalmente conmigo porque, al final del viaje, podremos tal vez encontrar algo de esperanza para nosotros, y para el universo.

El principio antrópico

Para mí, uno de los descubrimientos más sorprendentes de la ciencia ha sido la determinación de que si las leyes y las constantes de la Naturaleza fueran ligeramente diferentes de lo que son, probablemente no estaríamos aquí para discutir sobre ellas, porque nuestra existencia sería imposible. Esto se ha denominado *"Principio Antrópico"*. Ya hemos hablado de este tema brevemente en el capítulo 1, pero conviene analizarlo con algo más de profundidad aquí.

El grado en el que las leyes de la Naturaleza pueden ser modificadas de manera que sigan permitiendo nuestra existencia es muy pequeño. Por ejemplo, con que solo la masa del protón fuera un 0,2% mayor sería imposible, siendo el resto de las leyes y constantes las mismas, construir un solo átomo más allá del hidrógeno: la vida sería imposible. Igualmente, ciertos átomos, como el carbono, sin ir más lejos, no existirían en un universo que tuviera fuerzas nucleares solo sutilmente diferentes de las del nuestro.

Los partidarios del Principio Antrópico en su versión más estricta mantienen que las leyes y constantes del universo son como son, y el universo es ahora como es, *porque* los seres humanos estamos aquí para observarlo y para intentar comprenderlo. Es decir, nuestra existencia y la de otros posibles observadores conscientes del universo *es la causa final,* de acuerdo a la definición de Aristóteles[1], de que este sea así en este momento.

Sin embargo, descubrimientos recientes indican que el universo es un sistema integrado de piezas y leyes, similar a cualquier máquina. Si a una máquina que funciona bien le modificamos una de sus piezas, es muy posible que deje de funcionar. Pero si, al mismo tiempo que le sustituimos esta pieza, sustituimos otras que compensen la diferencia, es posible que siga funcionando perfectamente bien.

Con esta idea, los físicos teóricos Alexander Jenkins y Gilad Pérez, han estimado si universos diferentes del nuestro, no en solo una ley o constante física, sino en muchas, podrían evolucionar hacia una complejidad que permitiera la vida[2]. Sus conclusiones indican que esto es posible, por lo que nuestro universo no es tan especial y único como podría parecer, y en el caso de que se formaran, o se continúen formando en Big Bangs paralelos, universos diferentes al nuestro, algunos de ellos podrían albergar también la vida y, ¿por qué no?, seres inteligentes capaces de desarrollar una civilización tecnológica.

No obstante, los universos teóricos posibles capaces de albergar vida son una pequeña minoría comparada a los universos posibles que no la albergarían. Es bastante acertado pensar que si nuestro universo fuera muy diferente de lo que es, no habríamos podido surgir en su seno ni sobrevivir en él; mucho menos desarrollar una civilización tecnológica. Además, las posibles diferencias entre universos no se limitan solo a las leyes de la Naturaleza, e incluyen otras contingencias, como por ejemplo la edad. Si, aun siendo las leyes de la Naturaleza las mismas, el universo tuviera una edad de solo un 10 ó 15% de la que tiene, probablemente no se hubieran podido producir suficientes elementos químicos pesados en el corazón de las estrellas que mueren como supernovas para permitir la formación de planetas rocosos, como la Tierra, en los que hubiera podido surgir la vida. Y si el universo fuera diez veces más viejo, todas las estrellas habrían muerto, o se encontrarían en la fase de enanas blancas o marrones, y los sistemas planetarios estables habrían dejado de existir[3]. La vida, y la consciencia, serían también imposibles.

Además, algunas leyes de la Naturaleza no pueden ser muy diferentes de las actuales, en ningún universo posible, para permitir que estos puedan albergar vida. Por ejemplo, si la fuerza de la gravedad fuera mucho mayor de lo que es, la expansión del universo tras el Big Bang no habría podido producirse con la extensión con la que se ha producido, y el universo se habría rápidamente colapsado de nuevo hasta la singularidad de la que se supone se originó en el Big Bang, sin tiempo para generar planetas y vida. Y si, al contrario, la fuerza de la gravedad fuera mucho menor, tras el Big Bang no hubiera podido tal vez acumularse la materia en estrellas y galaxias, y la formación de elementos más pesados que el hidrógeno y el helio, como el carbono, base de la vida, no hubieran podido formarse. La vida, de nuevo, sería imposible.

El Principio Antrópico parece, por tanto, poder proporcionar una respuesta a la pregunta: ¿por qué las leyes físicas poseen la forma, y las constantes físicas los valores que poseen, y no otros? Aunque el conjunto de leyes y constantes posibles pueden no limitarse exclusivamente a las de nuestro universo, la respuesta es que si poseyeran otras formas y valores no estaríamos aquí para poder determinarlas y estudiarlas.

Sin embargo, al margen de otras consideraciones, existen dos posiciones principales sobre este tema. Estas posiciones se resumen en, uno: el universo es de la manera que es porque, en caso contrario, no estaríamos aquí para observarlo (esto parece una simple obviedad, técnicamente mejor llamada tautología, y se denomina Principio Antrópico Débil); dos: el universo y sus leyes son de la manera en que son *para que* estemos aquí observándolo. Es decir, es universo *está diseñado* para permitir y conducir a nuestra existencia. Es evidente que esta última idea es emocionalmente mucho más satisfactoria para nosotros que la primera, pero esto no la convierte en más racional, ni en más cierta.

La primera interpretación del Principio Antrópico supone solo que, puesto que las cosas, para que sean, deben ser de alguna forma, nuestro universo es precisamente de una manera que ha permitido la aparición de observadores inteligentes del propio universo dentro de su seno. Pero esta "manera de ser" del universo, aunque sea tan particular que permita nuestra existencia, no es, por ello, especial, ya que cualquier otra manera en que el universo existiera, aunque no por ello permitiera que surgieran seres inteligentes en su seno, también sería particular. Sería ésa y no otra. Como cualquier universo existente debe ser de alguna manera, no podemos concluir que la del nuestro sea una manera más "especial" que cualquier otra, aunque su "manera de ser" haya permitido que estemos aquí hablando de él. Otros universos posibles poseerían otras particularidades (como, por ejemplo, contener más o menos elementos químicos diferentes) y no por ello deberíamos concluir que son de esa determinada manera *para hacer posibles dichas particularidades*.

Sin embargo, la segunda interpretación sobre el Principio Antrópico supone precisamente que el universo es de la manera en que es porque *tenía el propósito* de que aparecieran observadores inteligentes en su seno. Por mi parte, deseo dejar claro que considero esta postura una variante del pensamiento místico-religioso, al que numerosos físicos, además de muchísimos más no físicos, están abonados gracias a la *tranquilidad de espíritu* que proporciona. En este sentido, alguna de las religiones más importantes de la historia mantienen que el ser humano está solo en el universo y es por ello el rey de la creación. Aunque en este libro defiendo que el ser humano se encuentra solo en el universo, a efectos prácticos al menos, lo hago desde la ciencia y no desde la creencia. Desde luego, no creo que el universo sea fruto de una creación y diseñado por un Dios. Esto dejaría abierto el grave problema de cuál es el origen de ese Dios, quién lo diseñó a él, y cuál es el propósito de su existencia, que no puede ser dar sentido a la mía. Estos problemas se unirían a la pregunta de cómo un Dios tan poderoso, si es benevolente, permite que sucedan las cosas que suceden en este mundo.

Al margen de consideraciones religiosas, desde el punto de vista científico, es claro que si el universo es de la manera que es *porque tiene el propósito de que aparezcan observadores inteligentes en su seno*, no es muy sensato pensar que es de esa forma para que solo aparezcamos nosotros, los humanos, como tales observadores. Al fin y al cabo, la forma de ser del universo es también de tal naturaleza que permite la formación de miles de millones de millones de estrellas y planetas. Podemos pues suponer que el universo está diseñado para que una miríada de estrellas y planetas se generen en su seno, en lugar de que la materia se encuentre dispersa en nebulosas de gas, y solo permitiera tal vez la formación de una sola estrella y de un solo planeta. Es sensato, por tanto, suponer que si el universo "*desea*" que aparezcan seres inteligentes a lo largo de su evolución, estos no se limiten a una especie perdida sobre un planeta en una perdida galaxia y que, al igual que estas y sus estrellas, los seres inteligentes en su seno sean numerosos. Así pues, en un universo "*diseñado*" para la vida, la inteligencia y la civilización, los observadores conscientes, y las civilizaciones formadas por dichos observadores, deberían ser abundantes. Más aún: el universo debería ser también de tal forma que permitiera y facilitara la comunicación entre dichas civilizaciones, las cuales, por fuerza, se encontrarían en distintos puntos, poseerían inteligencias con capacidades diferentes, y permitirían la observación del universo desde distintos puntos de vista, tanto físicos (distintos puntos de observación en distintos planetas y galaxias) como intelectuales. La comunicación con otros cientos, o miles de inteligencias diferentes sin duda permitiría una mejor observación y comprensión del propio universo. Por tanto, podemos formularnos la pregunta de que si el universo es como es *para que estemos aquí*, en tanto que observadores inteligentes, y el universo pueda así observarse e intentar comprenderse a sí mismo ¿por qué entonces estamos solos como especie tecnológica incluso en nuestro propio planeta? ¿Por qué no nos acompaña nadie más, ni nadie nos ha contactado jamás?

Si las consideraciones elaboradas en los capítulos anteriores son ciertas, y nuestra Luna ha sido necesaria para permitir un desarrollo rápido de la inteligencia y la civilización en la Tierra, es improbable que existan muchas otras civilizaciones tecnológicas en la galaxia y, por extensión, en el universo. Además, dadas las leyes del espacio-tiempo, de existir, la comunicación fluida entre esas civilizaciones sería prácticamente imposible. El universo puede que sea de la naturaleza y forma en que es *para que* aparezcan observadores en su seno, pero no es de una manera tal que permita la existencia de numerosos observadores diferentes que puedan comunicarse entre sí, lo que parece, en sí mismo, una contradicción.

Otro de los problemas con esta interpretación del Principio Antrópico, que de una forma más o menos velada pretende proporcionar un significado transcendente a nuestra existencia, es que puede utilizarse para justificar la existencia de cualquier producto de la cultura humana. Por ejemplo, podríamos enunciar aquí el "Principio Shakesperiano" y mantener que el universo es de la forma que es para permitir que alguien como Shakespeare existiera y escribiera sus obras, precisamente las que ha escrito, y no otras. También podríamos enunciar el "Principio Sinatriano", o el "Principio Obamiano" y, por supuesto, el "Principio Yo", asumiendo similares premisas. Es obvio que estos principios son absurdos. No obstante, es cierto que la "manera de ser" del universo ha permitido a Frank Sinatra cantar sus canciones, y a Barack Obama a ser el primer presidente negro de los Estados Unidos. Pero es absurdo suponer que el universo tenía el propósito de que Sinatra cantara *"a mi manera"* a su manera.

De lo que no hay duda es de que tanto Sinatra, como Obama, como Shakespeare, como tú, sois únicos. No ha vuelto a nacer nadie que fuera un William Shakespeare 2 o un Frank Sinatra 2, y ni la técnica de la clonación podría hacer esto posible, por razones que sería muy largo discutir aquí. Esto nos parece normal con los seres humanos: hemos asumido que somos irrepetibles, para bien o para mal, pero no nos parece tan normal con la vida, o la inteligencia. Sin embargo, bien pudiera ser el caso que nuestro planeta sea tan único en el universo como lo han sido Sinatra o Shakespeare en la Tierra. Lo que hemos discutido en los capítulos anteriores así lo sugiere. Quizá seamos los únicos seres que podamos observar conscientemente el universo, y los únicos en poder utilizar sus leyes para el desarrollo de una civilización tecnológica.

¿Qué hacemos ahora?

Supongamos por el momento que, en efecto, estamos solos en el universo, o al menos en la galaxia. ¿Qué hacemos, entonces? ¿Tiene nuestra existencia un significado especial por estar solos? ¿No es esto lo que algunas religiones nos han estado diciendo desde siempre, que el ser humano es único, el rey de la creación, y que todo lo que existe es para su uso y disfrute? ¿No es esto una vulgar variante del Principio Antrópico? Puede ser, pero hay una gran diferencia entre pensar algo porque así nos conviene o porque así nos lo han contado nuestros mayores, o determinadas autoridades (religión), y pensar algo porque así lo hemos concluido tras siglos de estudios y observaciones y la aplicación emocionalmente desinteresada de la lógica (ciencia), aunque la idea sea la misma.

En todo caso, es cierto que si estamos solos en la galaxia, la galaxia es "nuestra" y nosotros, por supuesto, también somos "nuestros". Debemos, por tanto, reflexionar sobre qué hacemos con la galaxia, con el universo y con nosotros mismos; debemos pensar qué destino deseamos, y tenemos que pensarlo con una gran amplitud de miras, con una proyección de futuro que se extiende no a décadas, o a siglos, sino a millones de años.

En primer lugar, si estamos solos en la galaxia, o tal vez en el universo entero, debemos aprender a apreciar la extraordinaria joya que supone nuestro planeta Tierra y la joya que suponemos nosotros, como una de las pocas, quizá actualmente la única, civilizaciones tecnológicas capaces de explorar y de comprender el universo. Tanto nuestro planeta, como nosotros mismos somos probablemente objetos y seres absolutamente excepcionales, quizá únicos en la enormidad del universo. Por esta razón, debemos proteger nuestro planeta, y debemos luchar por solucionar racionalmente los problemas de la humanidad. Pienso que, a medio o largo plazo, los problemas de la humanidad se resolverán cuando alcancemos una sociedad del conocimiento y de la racionalidad plena, y abandonemos ideologías arcaicas, propias de un "tercer mundo intelectual y tecnológico", como algunas ideas religiosas y algunas tradiciones contrarias a la ética más elemental con la Naturaleza. Creo, además, que la humanidad ya sabe lo que es necesario hacer para acabar con la pobreza, con el adoctrinamiento, con el abuso de unos seres humanos por otros... pero algunos intereses antidemocráticos impiden que las medidas adecuadas se pongan en marcha. Quizá la idea de que estamos solos, de que somos únicos, extraordinarios, y de que el universo "nos espera" pueda acelerar la necesaria transformación de la humanidad, de la que luego hablaré en más detalle, y pueda hacer comprender a todos que debemos, sobre todo, preservar nuestra humanidad y nuestra civilización, porque si desaparece, no habrá tiempo de nuevo en el universo para que otra similar vuelva a aparecer, y si acaso algo había adquirido un sentido transcendente gracias a nuestra existencia, lo habría perdido para siempre.

Sin embargo, si como hemos discutido en el primer capítulo, el azar no existe, nuestro destino está determinado, por mucho o poco que reflexionemos sobre él. Sea como sea, formamos parte de la evolución natural del universo y nuestra propia evolución, planificada o no, a lo largo del tiempo puede quizá llegar a afectar la suya.

Esta idea quizá parezca demasiado atrevida, demasiado aventurada. ¿Cómo podríamos nosotros llegar a afectar la evolución del universo entero? Es cierto, se trata de una idea aventurada. Si el primer microorganismo que surgió sobre nuestro planeta hubiera podido observarse a sí mismo, observar el planeta en el que vivía, y especular sobre el futuro, no creo que, siendo sensato, hubiera llegado a concluir que tras miles de millones de años sus descendientes cambiarían la composición de la atmósfera del planeta, inundándola de oxígeno, y afectarían así de manera dramática a la evolución de la vida sobre el mismo, permitiendo la aparición de animales multicelulares formados por una sociedad de miles de millones de células mucho más sofisticadas que él. Sin embargo, es lo que ha sucedido. Los descendientes de ese microorganismo somos nosotros, además del resto de los seres vivos, y nuestra existencia ha modificado y sigue modificando el planeta entero.

Algo similar podría suceder con nuestra civilización. De ser posible la existencia de civilizaciones en el universo, y la nuestra prueba que lo es, alguna civilización debe ser la primera en surgir, y quizá la nuestra lo haya sido, considerando la escasa probabilidad de que se repitan condiciones similares a las que han permitido su origen, algunas de las cuales, no todas, han sido discutidas en los capítulos anteriores. Y al igual que la primera bacteria dio lugar a descendientes que transformaron el planeta entero, podría suceder que la primera civilización diera lugar a descendientes que transformaran el mismo universo. El origen de la primera civilización puede tener implicaciones para el futuro del universo similares en magnitud a la que el origen de la vida las tuvo para la Tierra.

¿Cómo? No lo sabemos todavía; ni siquiera sabemos si es posible semejante transformación, pero podemos divertirnos en efectuar un análisis especulativo de lo que podría suceder si nuestra civilización, como el primer microorganismo, evolucionara y se diseminara por la galaxia y por el universo, resolviendo así para siempre la paradoja de Fermi.

Recordemos que, de acuerdo a los cálculos que explicamos en el capítulo 1, una civilización podría colonizar la galaxia entera en un unos cincuenta millones de años, aunque probablemente lo pudiera hacer en solo una décima parte de ese tiempo. Es pues posible, como lo sugieren la curiosidad y deseos de exploración de la humanidad, que el destino de nuestra civilización sea evolucionar, expandirse y conquistar la galaxia, y ¿por qué no? también el resto del universo. Esto no sucederá mañana, y, si sucede, lo hará en los próximos millones de años, como hemos dicho. Aunque parezca mucho tiempo, es muy poco considerando el tiempo que le queda a la galaxia y al universo para "morir", que a efectos de formación de nuevas estrellas y planetas puede estimarse en por lo menos mil veces su edad actual[4]. Tengamos en cuenta que la Tierra hoy es solo 3,5 veces más vieja que cuando surgió la vida sobre ella. El universo tiene, pues, una longevidad mucho mayor de la necesaria para que una civilización lo colonice.

Admito que esta idea parece una locura, como también podría haberlo sido la idea de que una simple bacteria podría llegar a cambiar el planeta Tierra. Pero si un ser avanzado hubiera podido analizar las capacidades evolutivas de la bacteria, habría tal vez encontrado esa posibilidad como probable, tal vez como inevitable. De la misma manera, el análisis de nuestras posibilidades de evolución, en tanto que civilización, podrían ayudar a convencernos de si conquistar la galaxia, o el mismo universo, cambiar su destino o su evolución, es o no posible.

Lamentablemente, no podemos preguntarle a un ser más avanzado que nosotros lo que pudiera opinar sobre nuestras posibilidades de evolución, al igual que la primera bacteria, evidentemente, tampoco podía hacerlo. Pero nosotros contamos con una ventaja sobre la primera bacteria: disponemos de un considerable conocimiento sobre nosotros mismos y sobre las leyes de la Naturaleza y el universo como para poder aventurarnos a realizar este análisis. Es lo que voy a intentar hacer muy brevemente a continuación. No pretendo acertar en mis predicciones, sino simplemente abrir una ventana al futuro y a algunas de sus posibilidades, no en una escala de décadas, sino de siglos, de milenios, o incluso más larga. Comencemos.

La singularidad tecnológica

Para algunos investigadores en diversas áreas de la ciencia, la humanidad se encuentra cerca de lo que se ha dado en llamar la *singularidad tecnológica*[5]. En matemáticas, una singularidad es un punto, en una función matemática dada, que supone una ruptura con el resto. Se podría decir que el punto singular ya no forma parte de la función, sino que ha salido de ella, paradójicamente como resultado de la propia función. Si suponemos que el progreso tecnológico es una función relativa al tiempo, es evidente que esta función no es directamente proporcional, sino más bien exponencial. Por ejemplo, la humanidad ha tardado mucho más tiempo para pasar de grupos pequeños de cazadores recolectores a pequeñas aldeas de agricultores o ganaderos, que para pasar de esas aldeas a las grandes urbes actuales. El progreso realizado por la humanidad en solo el siglo XX ha sido indiscutiblemente mayor que el realizado durante toda su historia anterior. Y este progreso, lejos de decelerar, parece ir cada vez más rápido.

Dicho lo anterior, la singularidad tecnológica supondría llegar a un punto en el que el progreso de la humanidad realiza un salto cualitativo tal que nos conduce a un antes y a un después no en la historia de la tecnología, sino en la propia evolución de la humanidad. ¿Cuál puede ser este salto? ¿Sucederá con certeza? ¿Adónde nos dirige el progreso?

Para responder a esta pregunta, los pensadores sobre este tema han analizado los factores que limitan el progreso. Aunque puede haber muchos condicionantes relativos que pueden frenar el progreso, existe un condicionante absoluto para su límite, que no es otro que la inteligencia humana. Es claro que la humanidad no puede progresar hacia una tecnología que le resulte incomprensible, aunque tal tecnología pueda ser posible, y no viole las leyes de la Naturaleza. De hecho, utilizar algunos de los artilugios generados por nuestra tecnología es ya solo posible para las mentes más cualificadas y preparadas. Pensemos, si no, en los sofisticados aparatos utilizados por la medicina.

Por esta razón, los defensores de que una singularidad tecnológica es posible proponen que esta se producirá cuando el progreso tecnológico genere una máquina superinteligente, cuya inteligencia no solo sea superior a la humana, sino que pueda ser utilizada para incrementarla progresivamente en nuevas generaciones de máquinas inteligentes diseñadas por las propias máquinas inteligentes, que incluso podrán replicarse a sí mismas[6]. En las palabras del matemático inglés Irvin John Good (1916-2009), proponente del propio concepto de singularidad tecnológica, la humanidad en este punto llegaría a una "explosión de inteligencia"[7]. Por supuesto, esta máquina inteligente sería el último invento de la humanidad, ya que a partir de él, el ser humano quedaría atrás; habría sido transcendido, superado en la evolución por la aparición de una nueva especie: la máquina con superinteligencia progresiva.

Conviene abrir aquí un paréntesis para mencionar algo que considero importante. Dijimos en el capítulo 2 que la vida en otros lugares del universo deberá estar basada en la química del carbono. Sin embargo, es posible que otros seres "vivos" basados en otro tipo de química, por ejemplo hierro y silicio, puedan evolucionar a partir de los seres vivos basados en el carbono. Esto podría suceder en nuestro planeta, aunque no lo considero muy probable. Sin embargo, si esto hubiera sucedido en algunos planetas de nuestra galaxia en los que se hubiera podido desarrollar una civilización tecnológica, es bastante probable que dichos seres superinteligentes y autorreplicantes no tuvieran los mismos tipos de problemas que los seres basados en agua y carbono para viajar por el espacio exterior y colonizar la galaxia. Por ello, si la aparición de una máquina superinteligente y autorreplicante fuera el próximo paso en la evolución natural de los seres inteligentes, el hecho de que civilizaciones extraterrestres no hayan contactado con nosotros sería otra evidencia más a favor de que la resolución de la paradoja de Fermi reside en que estamos solos, o al menos, muy aislados, en nuestra galaxia.

En todo caso, a la vista del progreso actual, solo posible gracias al empleo de las máquinas más inteligentes de las que disponemos: los ordenadores, algo puede haber de cierto en la idea de que una máquina de inteligencia creciente, autodiseñada y mejorada por ella misma, es posible. Sin los ordenadores de hoy, utilizados para el diseño de nuevos y mejores ordenadores y de componentes electrónicos cada vez más avanzados que formarán parte de otros ordenadores más potentes, o de otras máquinas más sofisticadas, la velocidad del progreso tal y como lo conocemos sería imposible.

Pero la idea de que las máquinas suplanten enteramente al ser humano ha resultado, quizá, demasiado atrevida para algunos de los proponentes de la singularidad tecnológica. Estos, no obstante, proponen que la singularidad tecnológica llegará a través de la propia evolución de la especie humana, ayudada por las máquinas inteligentes, aunque no tan inteligentes, o malvadas, como para suplantar a la humanidad. En este escenario, el ser humano se convertirá en un ser transhumano o posthumano[8], en cualquier caso más avanzado y sofisticado que el ser humano en la actualidad.

La singularidad tecnológica se ha comparado también a lo que se llama una evolución a metasistema, es decir, una evolución a un sistema superior. Esta evolución supone un cambio de nivel de organización o de control, y la aparición de un nuevo sistema organizado a partir de elementos o de sistemas más simples[9]. Un ejemplo es el paso de organismos unicelulares a multicelulares; otro, sería la aparición de sociedades de individuos con funciones definidas y castas reproductoras, como sucede en los insectos sociales.

No obstante, la idea de la singularidad tecnológica, como cualquier idea emitida para intentar predecir las tendencias del futuro, cuenta con sus detractores. Entre ellos, se encuentran eminentes científicos, como Marvin Minsky[10], o el mismo Gordon Moore[11], el proponente de la ley de Moore, que dice que el poder de computación de los ordenadores se duplica aproximadamente cada dos años, por lo que su progreso resulta exponencial; a pesar de lo cual, Moore no cree que la singularidad tecnológica llegue a producirse nunca.

La mejora de la humanidad

Por mi parte, no creo que se produzca tampoco esa singularidad que supondría un antes y un después en la evolución de la humanidad, pero sí creo que disponemos de amplísimo margen para evolucionar impulsados por la tecnología, gracias a los conocimientos científicos y tecnológicos de los que ya disponemos, y que iremos sin duda incrementando en un futuro no muy lejano. Lo que creo sucederá en los próximos años es que se producirá una interrelación cada vez mayor entre distintas tecnologías y áreas de conocimiento, la cual va a permitir avances importantes que pueden conducir a medio o largo plazo (estamos hablando, al menos, de miles de años o de decenas de miles de años, no lo olvidemos) a la generación de seres humanos más inteligentes, con mejores cualidades físicas y, sobre todo, mejores cualidades sociales y de trabajo en equipo. Avanzamos hacia una meta-sociedad en la que los individuos vivirán, sin embargo, una vida más plena que la nuestra. No obstante, no creo que este progreso sucederá repentinamente, como consecuencia de una singularidad tecnológica en los términos explicados arriba.

Para aclarar lo que quiero decir, debo mencionar algunos conceptos y hechos que considero demostrados por la ciencia. El primero de ellos es que los seres humanos y, en general, todos los seres vivos, son máquinas y funcionan de acuerdo a los principios de la ingeniería y la informática, y por supuesto, de acuerdo a las leyes de la Naturaleza. Lo que quiero decir con esto es que los seres vivos son mecanismos muy complejos que ejecutan procesos de acuerdo a los *inputs* recibidos y que producen así determinados *outputs*. No existe ninguna "fuerza vital" o "impulso misterioso" necesario para la vida. Los animales, y también los humanos, carecemos de alma, entendida esta como la parte espiritual que nos permite adquirir la categoría de seres animados, dotados de consciencia, inteligencia y voluntad; en suma, la categoría de seres libres, entendida la libertad como la capacidad de actuar sobre el entorno de manera independiente de las leyes que gobiernan la materia.

En el caso del ser humano, y de los animales en general, el control de los procesos generadores de *outputs* a partir de los *inputs* recibidos depende de la estructura de redes de células especializadas en el procesamiento de la información: las células del sistema nervioso, sean estas neuronas o células de apoyo de la actividad neuronal, como las células gliales. Las capacidades cognitivas de un ser humano dependen de los sentidos que reciben y ya comienzan a procesar los inputs y de cómo esos inputs son más tarde procesados y almacenados en las redes neuronales de nuestros sistemas nerviosos para generar outputs. Un mismo input o serie de inputs podrá ser procesado mejor o peor de acuerdo a la estructura neuronal que deba hacerlo y de lo ajustada que dicha estructura esté para la función que desarrolla.

La estructura de las redes neuronales está determinada, en primer lugar, por los genes y, en segundo lugar, por la modificación y ajuste que produce el aprendizaje[12]. Sin la información génica que se manifiesta durante el desarrollo cerebral, las estructuras neuronales no estarían prediseñadas para aprender la realización de una determinada función. En otras palabras, a lo largo del desarrollo del cerebro se generan en él estructuras neuronales especializadas en el aprendizaje y realización de determinadas funciones. Por ejemplo, se crean redes neuronales que van a encargarse de procesar la información visual, la auditiva, o la olfativa; y también de aprender y almacenar los conceptos y actos propios del lenguaje.

El aprendizaje del lenguaje, y de todo lo que un ser humano pueda aprender, como por ejemplo tocar un instrumento musical, depende del ajuste estructural, causado por el proceso de aprendizaje, de los circuitos neuronales específicos involucrados en la adquisición de nuevos conceptos, que son almacenados en redes neuronales, o en el control del comportamiento que se está aprendiendo o se ha aprendido, sea este tocar la flauta, o hablar chino. Por supuesto, la capacidad de aprendizaje del cerebro, la capacidad que posee para modificar de manera plástica sus circuitos neuronales, depende no solo de las experiencias que recibimos del medio exterior, sino también de los genes. Me permito recordar al lector que los genes no son solo meros depósitos de información, sino que en el seno de las células vivas son los fabricantes de las piezas que permiten funcionar a la maquinaria celular. En el caso de las neuronas, los genes fabrican las piezas que permiten la conexión con otras neuronas, la modificación de las conexiones existentes, la formación de nuevas conexiones, o la destrucción de conexiones innecesarias.

Lo anterior implica que, si poseyéramos el conocimiento suficiente, podríamos diseñar genéticamente estructuras neuronales especializadas para aprender a realizar funciones cognitivas de las que los seres humanos carecemos, como, por ejemplo, contar de manera instantánea y con exactitud las personas que se encuentran en un cine o auditorio y estimar la edad media aproximada de las mismas, además de otras proezas cognitivas más útiles. Por otra parte, el conocimiento de los genes implicados en el aprendizaje podría mejorar a los seres humanos también en esta capacidad tan humana.

Como puede comprobar el lector, esta idea no está lejos de la idea de la máquina que progresivamente se mejora a cada generación utilizando su creciente inteligencia, idea que se resume en que, como todas las máquinas, los seres humanos pueden mejorarse en los múltiples subsistemas que los forman. Estos subsistemas no se limitan al sistema nervioso, por supuesto. Es posible también modificar al ser humano para que sea más fuerte, más rápido, más resistente, además de más inteligente. No obstante, la fortaleza, la rapidez, o la resistencia valdrán de poco sin una inteligencia que las administre.

No olvidemos que otros aspectos de la naturaleza humana que también dependen de la estructura de las redes neuronales cerebrales, podrían igualmente ser susceptibles de mejora. Uno de ellos es la capacidad de integrarse en sociedad y de vivir y sobrevivir en ella, de trabajar en colaboración, o en competición, con los demás. En mi opinión, y en la de otros científicos, nuestra especie ha sobrevivido solo porque ha sido capaz de compaginar estas dos fuerzas sociales contrapuestas: la colaboración y la competición. Hoy, seguimos inmersos en esta contradicción social, y mientras colaboramos con unos, podemos estar compitiendo con otros. Para regular estas tendencias, nos hemos dotado de una enorme cantidad de normas y leyes que intentan realizar lo que se llama ingeniería política[13]. Creo que nuestra tendencia natural es la de aumentar las oportunidades de colaboración, y disminuir la necesidad de competición, del conflicto con el otro. Sin embargo, por nuestra propia naturaleza, no podemos evitar entrar tarde o temprano en conflicto y competición con los demás.

El conocimiento de las redes neuronales y los genes que pueden afectar el comportamiento social permitirá la generación de seres humanos más y mejor integrados en sociedad, en la que trabajarán en colaboración y no en competición con los demás. Serán seres humanos menos egoístas y mucho más altruistas que lo que somos hoy. Esto no solo conducirá, en mi utópica opinión, a la mejora de la sociedad, sino también a que los seres humanos lleven una vida más plena y más feliz en su seno, puesto que para los seres altruistas su propia felicidad reside en conseguir la felicidad y bienestar de los demás. En suma, la ingeniería política, basada en ideologías y opiniones, será sustituida por la ingeniería social[14], basada en el conocimiento científico, y no en opiniones religiosas o ideológicas, que muchas veces carecen del menor apoyo científico.

Otro de los aspectos que, sin duda, podrá mejorarse mediante la tecnología de biología molecular y manipulación genética es la longevidad humana. Lo que conocemos hoy sobre las causas del envejecimiento es que son en gran medida genéticas, por lo que igualmente es posible pensar que la vida humana puede alargarse mediante la modificación molecular de los genes involucrados en el proceso de envejecimiento. Esto podría lograrse incluso, imagino, con el empleo de nanomáquinas biológicas diseñadas para eliminar los genes deteriorados por el envejecimiento y sustituirlos o repararlos por su versión joven y sana, lo que, además de evitar el envejecimiento, permitiría curar el cáncer y otras enfermedades genéticas, en caso de producirse. Estas tecnologías permitirían la generación de seres humanos más longevos, capaces de mantener siempre jóvenes sus capacidades físicas e intelectuales, y de aprender con rapidez nuevos conceptos a lo largo de toda su vida. Sin duda estos individuos supondrán un enorme depósito de conocimiento y experiencia para la sociedad.

Estas ideas de mejora del ser humano chocan de manera frontal con los sentimientos e ideas éticas que, la mayoría defiende hoy sobre lo bueno o lo malo, lo correcto o lo incorrecto, de realizar una mejora genética, y en general artificial, de nuestra especie. Sin embargo, si examinamos, siquiera brevemente, la evolución de las ideas de la humanidad en los pasados siglos, y las proyectamos hacia el futuro, es posible que las ideas que tenemos hoy por adecuadas, sean consideradas en unos cientos de años, como inadecuadas. Por ejemplo, si sabemos que podemos engendrar un hijo o hija enferma, o discapacitada física o intelectual, pero existe la tecnología molecular y celular necesaria para evitarlo, parecería falto de ética y opuesto a la moral no utilizarla, aunque sea muy cara. Igualmente, aunque nos parezca incorrecto hoy, si sabemos que tal o cual modificación genética asegurará que nuestro hijo o hija sea más inteligente, más sano, más fuerte, o más feliz, podrá resultar en el futuro falto de ética, o irracional, no utilizar esta capacidad y condenar a que nuestro hijo sea un ser inferior al que podría haber sido. Hoy, ya disponemos de tecnologías biomédicas que para la mayoría de las personas resultaría inmoral no utilizar, como la transfusión sanguínea. Algunas religiones creen que la transfusión sanguínea es contraria a la voluntad de su dios, e incluso cuando la vida depende de ella sus creyentes se niegan a recibirla, o a que la reciba uno de sus familiares. Esta negación, fundamentada en sus creencias, es considerada una aberración por la mayoría de la humanidad. Es posible, por tanto, que quizá en unos pocos siglos negarse a utilizar estas nuevas tecnologías biomédicas sea considerado una aberración moral, por más que esta idea pueda repelernos hoy. En todo caso, no estoy hablando aquí de lo que es correcto o incorrecto, sino de lo que puede ser posible, incluido el hecho de que lo que creemos incorrecto hoy pueda ser considerado correcto mañana. Además, debemos considerar que una vez mejorada genéticamente nuestra especie, con el adecuado seguimiento médico y molecular, estas mejoras pueden mantenerse mediante los métodos clásicos de reproducción que todos conocemos, por lo que no es necesario aplicar las tecnologías de mejora más que durante un periodo de la evolución de la humanidad y luego mantenerlas, o mejorarlas poco a poco.

Por supuesto, si somos capaces de modificarnos a nosotros mismos, seremos también capaces de modificar otros organismos para nuestros fines. Esto, en realidad, ya está siendo realizado hoy. Se han modificado de miles de maneras diferentes los genomas de ratones de laboratorio con fines de investigación[15]; se han modificado los genomas de múltiples plantas con intención de mejorar diversas cualidades, como su crecimiento en alta salinidad, o la velocidad de maduración de sus frutos[16]. Es posible que la capacidad tecnológica de mejora genética se incremente en los próximos años hasta tal punto que seamos capaces prácticamente de crear un organismo nuevo, de diseño, a partir de uno anterior utilizado como molde. Esto podrá realizarse tanto en plantas, como en animales. Además, si la tecnología lo permite, nada impide generar miles de organismos con diferentes diseños y seleccionar el que resulte más adecuado para nuestros fines, en lo que yo llamo la aplicación educada de la evolución por selección. Sea como fuere, se podrán conseguir nuevas plantas y animales, incluso nuevos dispositivos biológicos especializados, más resistentes a determinadas condiciones y que podrán ayudarnos así a salir de nuestro planeta y colonizar los planetas cercanos, en el primer paso de nuestra expansión por la galaxia.

No hay que olvidar tampoco que estas modificaciones genéticas podrán también conducir a una mejor integración con las máquinas o a mejorar su uso. No sé si se avanzará hacia la integración ser humano-máquina, a la creación de una especie de Cyborg[17] de ciencia-ficción, como el protagonista de la popular serie de los años 70 del pasado siglo "el hombre de los seis millones de dólares", o los Borg, de la serie "*Star Trek: La Nueva Generación*". Sin embargo, es posible que la "biologización" de las máquinas, por ejemplo, el desarrollo de ordenadores basados en procesos biológicos, como la reproducción del propio ADN, o en redes neuronales artificiales mantenidas en cultivo, permitan una integración ser humano-máquina de una manera no imaginada por la ciencia ficción, ya que las máquinas no serán artilugios de plástico y metal, sino otros sistemas biológicos similares a nosotros.

Lo anterior puede parecer demasiado aventurado; sin embargo, disponemos ya de tecnologías muy poderosas, cuya interrelación multiplicará de manera exponencial las posibilidades de diseñar nuevos sistemas, nuevos organismos, y de mejorar al ser humano. Una de ellas es la biología sintética[18], una nueva disciplina que aplica los principios de la ingeniería a los sistemas biológicos para generar nuevos sistemas con funciones no existentes en la Naturaleza. Esta disciplina se beneficiará de su interrelación con la informática y, en particular, con la bioinformática, disciplina encaminada al análisis, asistido por ordenador, de las moléculas que forman parte de los sistemas biológicos y a la comprensión, mediante dicho análisis, de los principios que rigen sus interacciones y el funcionamiento de los sistemas moleculares formados por ellas. Los cada vez más potentes ordenadores y algoritmos informáticos permitirán, en un futuro quizá no muy lejano, realizar el diseño de nuevos sistemas biológicos y simular lo adecuado de su funcionamiento antes de sintetizarlos en el laboratorio o la "bioplanta molecular". Estos sistemas pueden constituir nanomáquinas biológicas con funciones determinadas, como por ejemplo, la corrección de mutaciones concretas en determinados sitios del ADN, la eliminación de orgánulos deteriorados en el interior de las células, la lucha contra microorganismos patógenos, y la ingeniería genética celular "in situ".

Igualmente, es necesario tener en consideración el desarrollo de la nanotecnología [19], cuya finalidad es la construcción de nuevos sistemas y dispositivos en la escala nanométrica. Para que nos hagamos una idea de la dimensión, un nanómetro es la milmillonésima parte del metro, lo cual corresponde, más o menos, a la relación entre una canica y el tamaño de la Tierra. El diámetro de una hebra de ADN es de solo dos nanómetros. La construcción de dispositivos nanotecnológicos supone la manipulación de los átomos prácticamente a nivel individual. El desarrollo de esta tecnología, unida a las mencionadas brevemente arriba, podría conducir al desarrollo de nuevos mecanismos que podrían integrarse con los organismos biológicos, al igual que los desarrollados mediante la tecnología de la biología sintética.

El breve paseo efectuado por el panorama de las tecnologías que aguardan a las generaciones futuras apoya la idea de que otras civilizaciones tecnológicas, de haber surgido solo millones años antes que nosotros en otros lugares de nuestra galaxia, lo que no es mucho tiempo a escala galáctica, las habrían desarrollado ya y habrían, tal vez, completado su colonización galáctica, como dijimos al inicio de este libro. Todas estas posibilidades tecnológicas apoyan la idea de que los viajes espaciales largos son posibles, bien para los seres vivos modificados para ello, bien para las máquinas creadas por ellos. No obstante, parece que estamos solos, lo que sugiere que no han surgido muchas más civilizaciones que la nuestra en la galaxia, si es que ha surgido alguna, y si lo han hecho, han aparecido en una época cercana a la de nuestra propia aparición, ya que de otro modo sabríamos de ellas, gracias, entre otras cosas, al programa SETI.

En conclusión, el posible desarrollo de nuevas tecnologías de las que ya disponemos hoy, aunque sea de forma rudimentaria, y de la interrelación que se desarrollará entre ellas, permite ya imaginar que es posible una modificación sustancial del ser humano encaminada a incrementar sus cualidades físicas e intelectuales en los siglos venideros. Estas modificaciones permitirán igualmente la generación de seres humanos mucho mejor adaptados a la vida en el espacio exterior, o en otros planetas del sistema solar, en un primer paso, y más tarde, quizá miles de años más tarde, en planetas extrasolares. En esa escala de tiempo, muy superior a lo que normalmente nos preocupa como futuro, el inicio de la expansión de la humanidad a otros planetas de la galaxia puede ser posible. Esperemos que mucho antes, y gracias también al empleo del conocimiento científico y la razón, la humanidad pueda desembarazarse de los últimos reductos del oscurantismo e irracionalidad, sea capaz de controlar las emociones que intentan justificar y motivan las ideologías y los tribalismos infundados de toda índole que aún sufrimos hoy, y avance firme por el camino de la racionalidad para decidir sobre su propio destino y, quizá, sobre el propio destino del universo, al que puede llenar de vida y de civilización.

Notas del capítulo 6

---

1 Aristotle. Aristotle in 23 Volumes, Vols.17, 18, translated by Hugh Tredennick. Cambridge, MA, Harvard University Press; London, William Heinemann Ltd. 1933, 1989.

2 Alexander Jenkins and Gilad Perez. Looking for life in the Multiverse. Scientific American, January, 2010. pp 28.

3 Carter, B. (1983). "The anthropic principle and its implications for biological evolution". Philosophical Transactions of the Royal Society A310: 347–363. doi:10.1088/0264-9381/14/4/002

4 http://math.ucr.edu/home/baez/end.html - http://en.wikipedia.org/wiki/Graphical_timeline_from_Big_Bang_to_Heat_Death

5 http://www-rohan.sdsu.edu/faculty/vinge/misc/singularity.html - http://singinst.org/overview/whatisthesingularity - http://en.wikipedia.org/wiki/Technological_singularity

6 http://en.wikipedia.org/wiki/Self-replicating_machine

7 I.J. Good, "Speculations Concerning the First Ultraintelligent Machine", Advances in Computers, vol. 6, 1965.

8 http://www.transhumanism.org/index.php/WTA/constitution/

9 "Evolutionary Transitions: how do levels of complexity emerge?

10 http://en.wikipedia.org/wiki/Marvin_Minsky

11 http://en.wikipedia.org/wiki/Gordon_Moore

12 http://www.nature.com/nrn/journal/v9/n2/full/nrn2321.html

13 http://en.wikipedia.org/wiki/Political_engineering

14 http://en.wikipedia.org/wiki/Social_engineering_%28political_science%29

15 http://www.genome.gov/10005834

16 http://www.agbioworld.org/ -http://www.pnas.org/content/96/11/5937.abstract - http://en.wikipedia.org/wiki/Transgenic_plant

17 http://en.wikipedia.org/wiki/Cyborg

18 http://syntheticbiology.org/

19 http://www.crnano.org/basics.htm

FIN